4주 완성 스케줄표

공부한 날	주	일	학습 내용
월 일	1주	도입	1주에 배울 내용을 알아볼까요?
		1일	이상과 이하
월 일		2일	초과와 미만
월 일		3일	수의 범위를 활용하여 문제 해결하기
월 일		4일	올림과 버림
월 일		5일	반올림
		평가 / 특강	누구나 100점 맞는 테스트 / 창의 · 융합 · 코딩
월 일	2주	도입	2주에 배울 내용을 알아볼까요?
		1일	(분수)×(자연수)
월 일		2일	(자연수)×(분수)
월 일		3일	진분수의 곱셈
월 일		4일	대분수의 곱셈
월 일		5일	세 분수의 곱셈
		평가 / 특강	누구나 100점 맞는 테스트 / 창의 · 융합 · 코딩
월 일	3주	도입	3주에 배울 내용을 알아볼까요?
		1일	(소수)×(자연수) (1)
월 일		2일	(소수)×(자연수) (2)
월 일		3일	(자연수)×(소수) (1)
월 일		4일	(자연수)×(소수) (2)
월 일		5일	(소수)×(소수) (1)
		평가 / 특강	누구나 100점 맞는 테스트 / 창의 · 융합 · 코딩
월 일	4주	도입	4주에 배울 내용을 알아볼까요?
		1일	(소수)×(소수) (2)
월 일		2일	곱의 소수점 위치
월 일		3일	평균 구하기
월 일		4일	평균 비교하기
월 일		5일	평균 이용하기
		평가 / 특강	누구나 100점 맞는 테스트 / 창의 · 융합 · 코딩

공부한 날을 표시하고 하루하루 학습 내용을 살펴보세요.

Chunjae
Makes
Chunjae

기획총괄	박금옥
편집개발	지유경, 정소현, 조선영, 원희정, 이정선, 최윤석, 김선주, 박선민
디자인총괄	김희정
표지디자인	윤순미, 안채리
내지디자인	박희춘, 이혜진
제작	황성진, 조규영

발행일	2021년 4월 15일 초판 2021년 4월 15일 1쇄
발행인	(주)천재교육
주소	서울시 금천구 가산로9길 54
신고번호	제2001-000018호
고객센터	1577-0902

※ 정답 분실 시에는 천재교육 홈페이지에서 내려받으세요.

※ KC 마크는 이 제품이 공통안전기준에 적합하였음을 의미합니다.

※ 주의

책 모서리에 다칠 수 있으니 주의하시기 바랍니다.

부주의로 인한 사고의 경우 책임지지 않습니다.

8세 미만의 어린이는 부모님의 관리가 필요합니다.

뚝 뚝 한

하루 계산

5B

기운과 끈기는
모든 것을 이겨낸다.
- 벤자민 플랭크린 -

주별 Contents

똑똑한 하루 계산

이 책의 특징

도입 이번에 배울 내용을 알아볼까요?

이번 주에 공부할 내용을 만화로 재미있게!

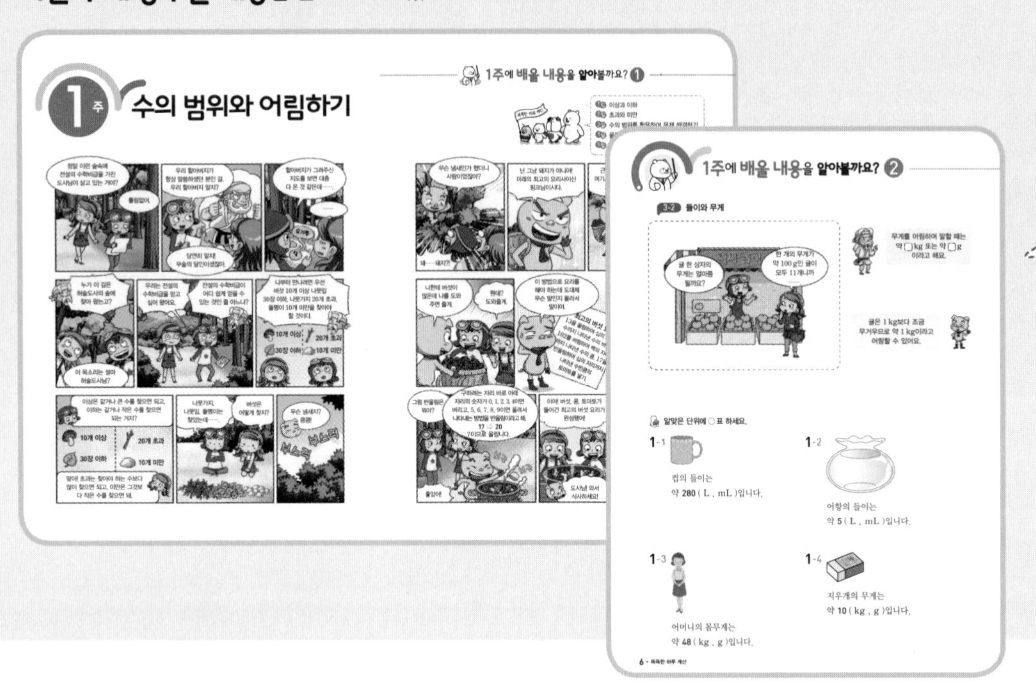

반드시 알아야 할 개념을 쉽고 재미있는 만화로 확인!

개념 완성 개념 • 원리 확인

쉬운 계산 원리를 만화로 쏙쏙!

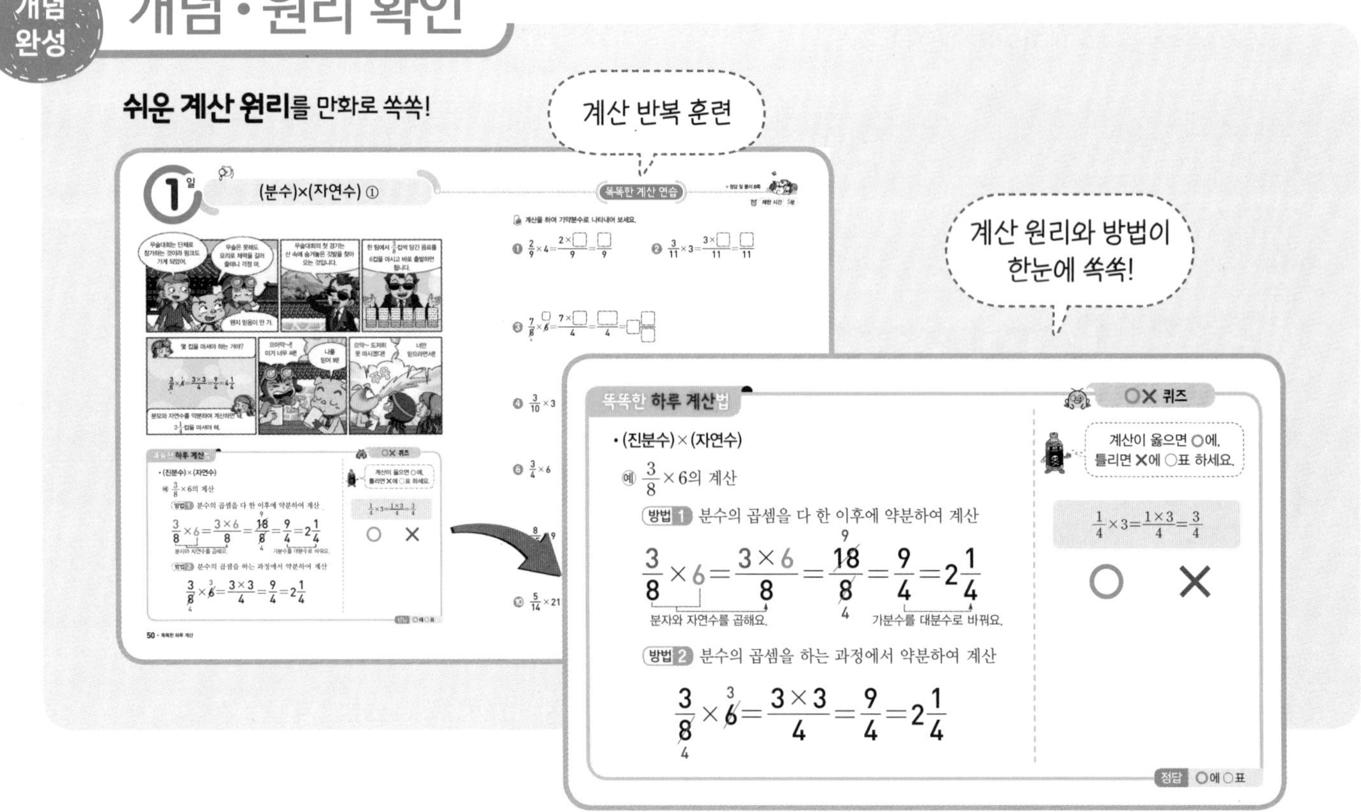

기초 집중 연습

다양한 형태의 계산 문제를 **반복**하여 완벽하게 익히기!

생활 속에서 필요한 계산 연습!

문장 읽고 계산식을 세우면서 문장제 문제도 연습!

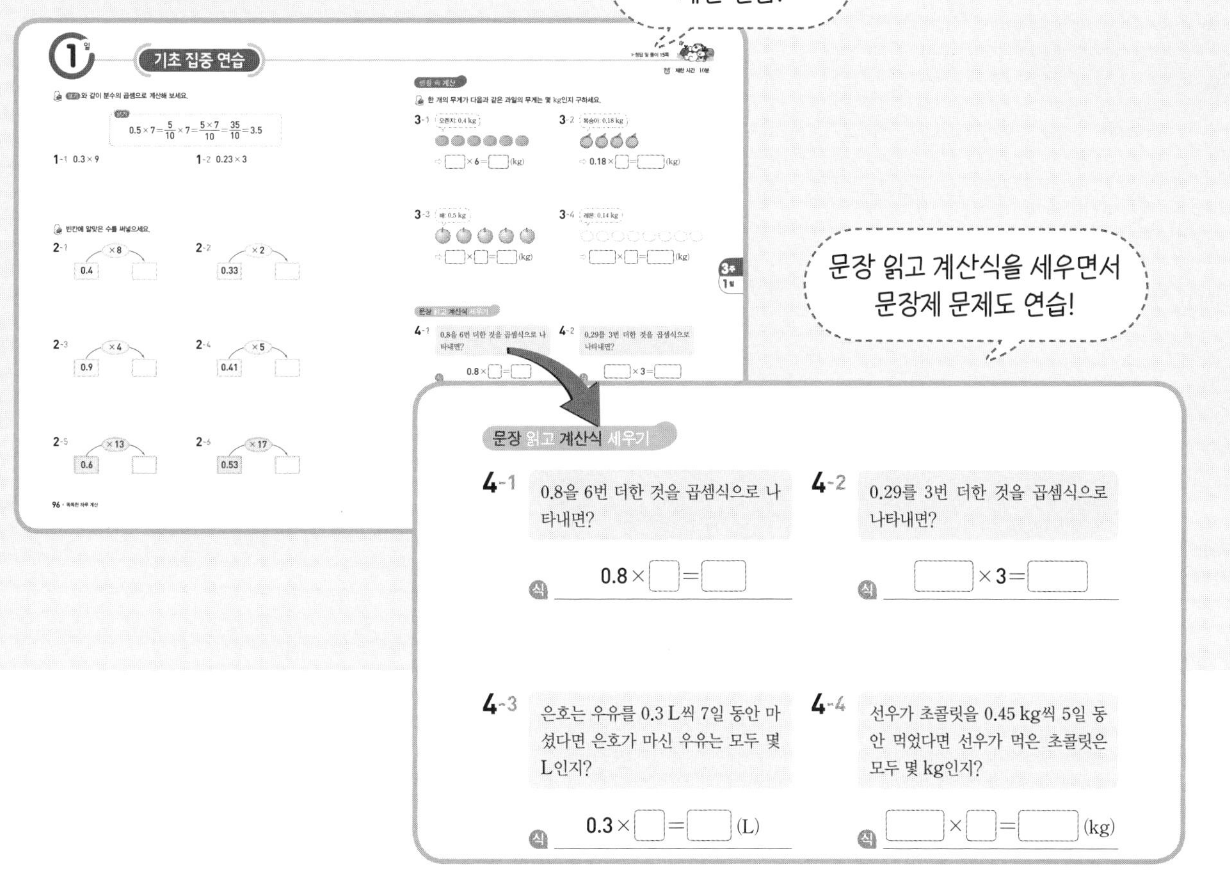

평가 · 특강

평가 + 창의 · 융합 · 코딩

한 주에 **배운 내용**을 **테스트**로 마무리!

빠르고 정확하게 풀어 보자!

4주 평가 누구나 100점 맞는 TEST

▶ 정답 및 풀이 27쪽

제한 시간 20분　맞은 개수 /20개

계산해 보세요.

1 2.2×1.7　2 4.6×3.4

3 5.7×2.1　4 8.3×5.9

5 1.13×2.6　6 3.17×3.5

7 6.2×1.58　8 7.3×2.89

9 3.468×10, 3.468×100, 3.468×1000　10 279×0.1, 279×0.01, 279×0.001

11 53×25=1325: 5.3×2.5, 5.3×0.25　12 102×36=3672: 1.02×3.6, 1.02×0.36

자료의 평균을 구하세요.

13 20, 15, 16 (평균)=□　14 32, 28, 24 (평균)=□

15 35, 30, 40, 23 (평균)=□　16 27, 30, 45, 34 (평균)=□

164 · 똑똑한 하루 계산

4차 산업 혁명 시대에 알맞은 최신 트렌드 유형

요즘 수학 문제인 **창의 · 융합 · 코딩** 문제 수록

특강 창의 · 융합 · 코딩

▶ 정답 및 풀이 28쪽

환율이 뭘까?

융합 1 태국 돈 10바트, 100바트, 1000바트는 우리나라 돈으로 얼마인지 각각 구하세요.

준기야, 여행 가방은 다 쌌니?

네, 태국에 간다고 하니 너무 설레요.

아차! 돈을 안 바꿔 놓았네.

돈을 왜 바꿔요?

태국에서는 우리나라 돈을 쓸 수 없으니까 그 나라 돈으로 바꿔야 한단다.

외국 돈을 살 때 내야 하는 우리나라 돈을 환율이라고 하는데 즉 외국 돈의 가격이야.

태국 돈 1바트의 환율이 37.31원이라 하면 10바트, 100바트, 1000바트는 우리나라 돈으로 각각 얼마일까?

은행에서 계산해 줄 거예요.

태국 돈 10바트, 100바트, 1000바트는 우리나라 돈으로 각각 얼마인지 구해 보자.

=37.31원

▲1바트 (ⓒJiw Ingka/shutterstock)

10바트: 37.31×10=□(원)

100바트: 37.31×100=□(원)

1000바트: 37.31×1000=□(원)

어느 모둠이 더 잘했나?

융합 2 선호네 모둠과 가은이네 모둠 중 제기차기를 어느 모둠이 더 잘했다고 볼 수 있는지 구하세요.

제기차기를 어느 모둠이 더 잘한 거지?

최고 기록을 보면 선호네 모둠은 10개, 가은이네 모둠은 9개이긴 한데 최고 기록으로 더 잘했다고 판단하기는 어렵네.

선호네 모둠은 총 25개, 가은이네 모둠은 총 24개의 제기를 찼으니까 선호네 모둠이 더 잘한 거 아니야?

두 모둠의 제기차기 기록의 평균을 구하면 어느 모둠이 더 잘했는지 비교할 수 있어.

그래? 그럼 평균을 구해 보자.

선호네 모둠 총 25개　가은이네 모둠 총 24개

각 모둠의 제기차기 기록의 평균을 구해 보자.

선호네 모둠: (제기차기 기록의 평균) =(5+3+1+6+10)÷□ =□(개)

가은이네 모둠: (제기차기 기록의 평균) =(9+6+4+5)÷□ =□(개)

답 ______ 모둠

4주 특강

166 · 똑똑한 하루 계산　· 167

1
주

수의 범위와 어림하기

정말 이런 숲속에 전설의 수학비급을 가진 도사님이 살고 있는 거야?
틀림없어.

우리 할아버지가 항상 말씀하셨던 분인 걸. 우리 할아버지 알지?
당연히 알지! 무술의 달인이셨잖아.

할아버지가 그려주신 지도를 보면 대충 다 온 것 같은데…….
……
요기똥
집

누가 이 깊은 허술도사의 숲에 찾아 왔는고?
이 목소리는 설마 허술도사님?

우리는 전설의 수학비급을 얻고 싶어 왔어요.
전설의 수학비급이 어디 쉽게 얻을 수 있는 것인 줄 아느냐?

나를 만나려면 우선 버섯 10개 이상 나뭇잎 30장 이하, 나뭇가지 20개 초과, 돌멩이 10개 미만을 찾아야 할 것이다.
10개 이상
20개 초과
30장 이하
10개 미만

이상은 같거나 큰 수를 찾으면 되고, 이하는 같거나 작은 수를 찾으면 되는 거지?
10개 이상
20개 초과
30장 이하
10개 미만
맞아! 초과는 찾아야 하는 수보다 많이 찾으면 되고, 미만은 그것보다 작은 수를 찾으면 돼.

나뭇가지, 나뭇잎, 돌멩이는 찾았는데…….
버섯은 어떻게 찾지?

무슨 냄새지? 킁킁!
부스럭
부스럭

1주에 배울 내용을 알아볼까요? 1

- 1일 이상과 이하
- 2일 초과와 미만
- 3일 수의 범위를 활용하여 문제 해결하기
- 4일 올림과 버림
- 5일 반올림

무슨 냄새인가 했더니 사람이었잖아?
돼……돼지?!

난 그냥 돼지가 아니야! 미래의 최고의 요리사이신 핑크님이시다.

근데 너희 여기서 뭐 하는 거야?
우리는 지금 10개 이상의 버섯을 찾고 있어.

나한테 버섯이 많은데 나를 도와 주면 줄게.
뭔데? 도와줄게.

이 방법으로 요리를 해야 하는데 도대체 무슨 말인지 몰라서 말이야.
최고의 버섯 요리
13을 올림하여 십의 자리 수까지 나타낸 수의 버섯, 102를 버림하여 백의 자리까지 나타낸 수의 콩, 17을 반올림하여 십의 자리까지 나타낸 수만큼의 토마토를 넣기.

구하려는 자리의 아래 수를 올려서 나타내는 것을 올림, 아래 수를 버려서 나타내는 방법을 버림이라고 해.
13 ⇨ 20
올립니다.
102 ⇨ 100
버립니다.

그럼 반올림은 뭐야?
구하려는 자리 바로 아래 자리의 숫자가 0, 1, 2, 3, 4이면 버리고, 5, 6, 7, 8, 9이면 올려서 나타내는 방법을 반올림이라고 해.
17 ⇨ 20
7이므로 올립니다.

이야! 버섯, 콩, 토마토가 들어간 최고의 버섯 요리가 완성됐어!
도사님! 와서 식사하세요!

오호! 맛있는 냄새가 나는 걸?
얍!
앗, 허술도사님?!

1주에 배울 내용을 알아볼까요? 2

3-2 들이와 무게

싱싱 과일
귤 한 상자의 무게는 얼마쯤 될까요?
한 개의 무게가 약 100 g인 귤이 모두 11개니까 …….

무게를 어림하여 말할 때는 약 □ kg 또는 약 □ g 이라고 해요.

귤은 1 kg보다 조금 무거우므로 약 1 kg이라고 어림할 수 있어요.

 알맞은 단위에 ○표 하세요.

1-1

컵의 들이는
약 280 (L , mL)입니다.

1-2

어항의 들이는
약 5 (L , mL)입니다.

1-3

어머니의 몸무게는
약 48 (kg , g)입니다.

1-4

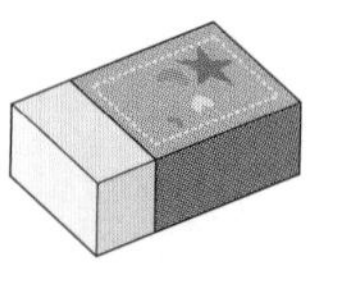

지우개의 무게는
약 10 (kg , g)입니다.

재미있게 똑똑해지네!

4-1

큰 수

냉장고와 세탁기 중 무엇이 더 비쌀까요?
세탁기 167만 원
냉장고 198만 원
두 수의 크기를 비교하여 알 수 있어요.

자리 수가 같으므로 가장 높은 자리 수부터 비교하여 수가 큰 쪽이 더 커요.

198만 > 167만이므로 더 비싼 것은 냉장고예요.

두 수의 크기를 비교하여 ◯ 안에 >, <를 알맞게 써넣으세요.

2-1 96478 ◯ 103025

2-2 36208549 ◯ 36471908

2-3 500708236090 ◯ 500706102004

2-4 2083071450090063 ◯ 2083071450189760

이상과 이하 ①

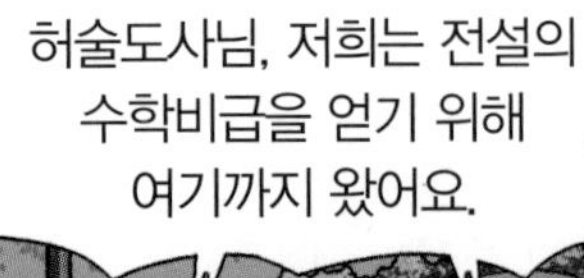

허술도사님, 저희는 전설의 수학비급을 얻기 위해 여기까지 왔어요.

수학비급은 무시무시한 힘을 가지고 있기 때문에 무술에 능한 자들만이 가질 수 있단다.

저희는 무술의 고수라고요!

핑크야, 너보다 쟤들이 더 무술을 잘하는 것 같은데?

도사님, 저는 무술이 아니고 요리 수제자라고요.

내 제자의 조건은 무술만이 아니고 수학도 잘해야 한다.

12 9 17 21 10
14 6 20 30

이 중에 20 이상인 수와 10 이하인 수를 찾아보거라.

21, 20, 30과 같이 20과 같거나 큰 수를 20 이상인 수라고 하는 거죠?

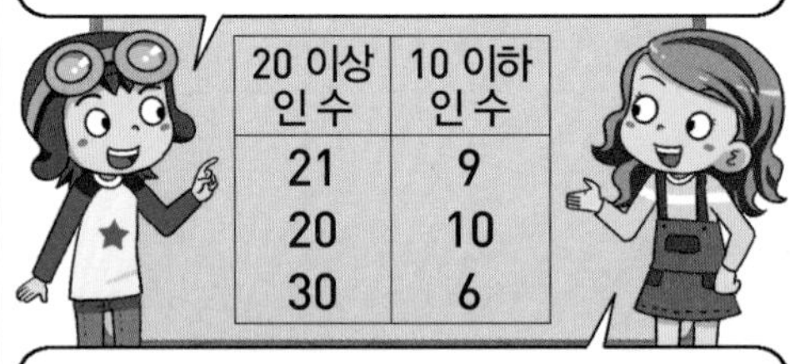

20 이상인 수	10 이하인 수
21	9
20	10
30	6

9, 10, 6과 같이 10과 같거나 작은 수를 10 이하인 수라고 하잖아요.

핑크야, 오늘 음식은 평소보다 먹을만 하구나.

도사님! 안 듣고 뭐 하세요!

똑똑한 하루 계산법

• **이상인 수, 이하인 수 찾아보기**

㉮ 20 이상인 수에 ○표, 10 이하인 수에 △표 하기

12 △9 17 ○21 △10 14 △6 ○20 ○30

21, 20, 30과 같이 20과 같거나 큰 수를 20 이상인 수라고 해요.

9, 10, 6과 같이 10과 같거나 작은 수를 10 이하인 수라고 해요.

○✕ 퀴즈

다음이 5 이상인 수로 옳으면 ○에, 틀리면 ✕에 ○표 하세요.

5 6 7 8 9

정답 ○에 ○표

똑똑한 계산 연습

▶정답 및 풀이 1쪽

제한 시간 5분

왼쪽에 주어진 수 이상인 수에 모두 ○표 하세요.

❶ 7 | 6 7 8 9

❷ 11 | 9 10 11 12

❸ 15 | 13 14 15 16

❹ 23 | 23 24 25 26

❺ 34 | 33 34 35 36

❻ 48 | 46 47 48 49

1주 1일

왼쪽에 주어진 수 이하인 수에 모두 ○표 하세요.

❼ 5 | 4 5 6 7

❽ 19 | 17 18 19 20

❾ 27 | 25 26 27 28

❿ 36 | 35 36 37 38

⓫ 44 | 41 42 43 44

⓬ 50 | 49 50 51 52

이상과 이하 ②

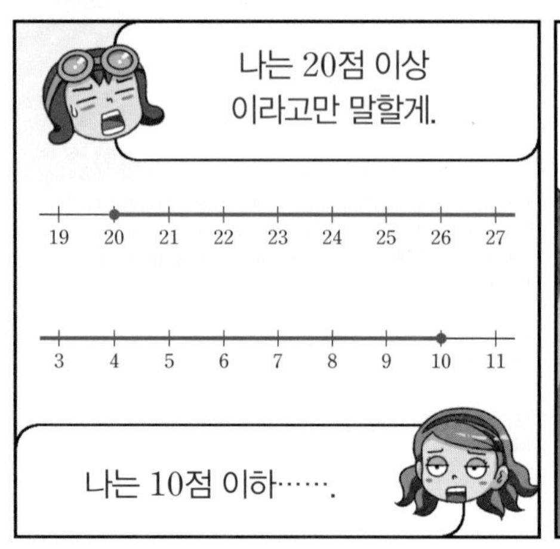

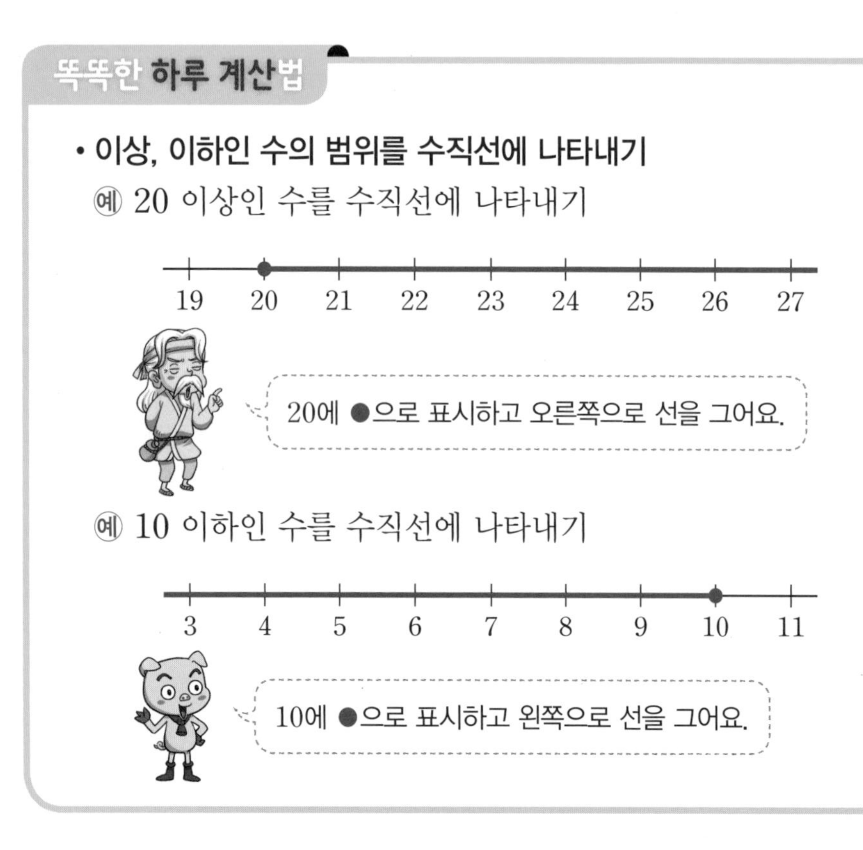

똑똑한 하루 계산법

• **이상, 이하인 수의 범위를 수직선에 나타내기**

㉵ 20 이상인 수를 수직선에 나타내기

20에 ●으로 표시하고 오른쪽으로 선을 그어요.

㉵ 10 이하인 수를 수직선에 나타내기

10에 ●으로 표시하고 왼쪽으로 선을 그어요.

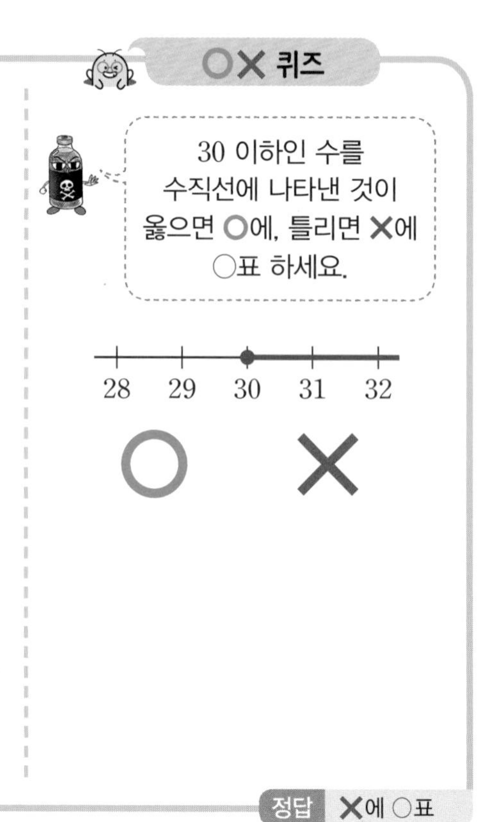

○✕ 퀴즈

30 이하인 수를 수직선에 나타낸 것이 옳으면 ○에, 틀리면 ✕에 ○표 하세요.

○ ✕

정답 ✕에 ○표

똑똑한 계산 연습

▶정답 및 풀이 1쪽

제한 시간 5분

주어진 수의 범위를 수직선에 나타내어 보세요.

❶ 2 이상인 수

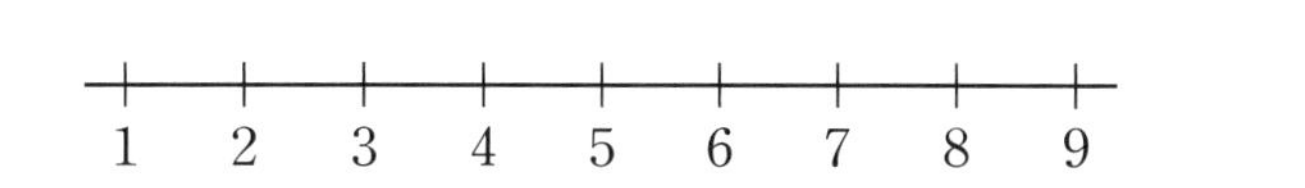

❷ 13 이상인 수

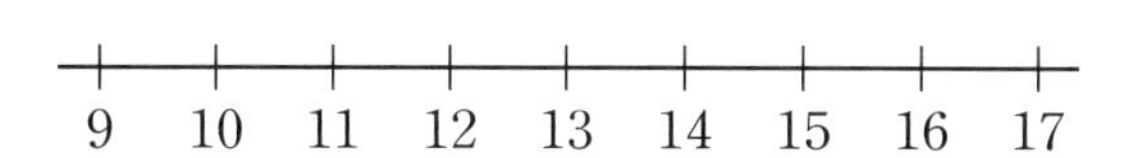

❸ 17 이상인 수

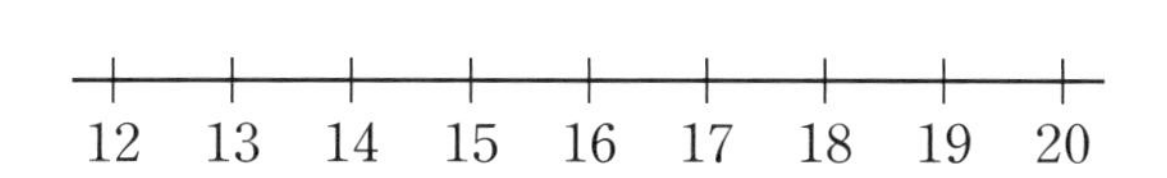

❹ 24 이상인 수

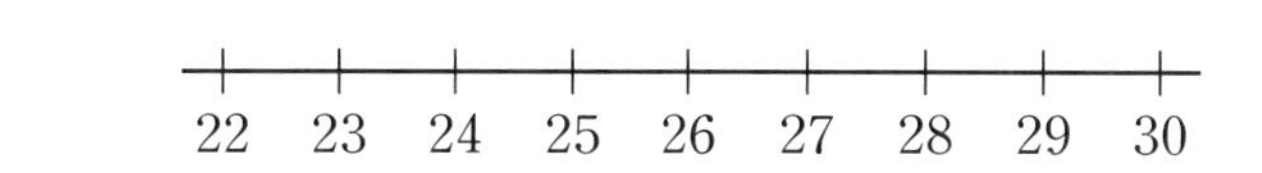

❺ 8 이하인 수

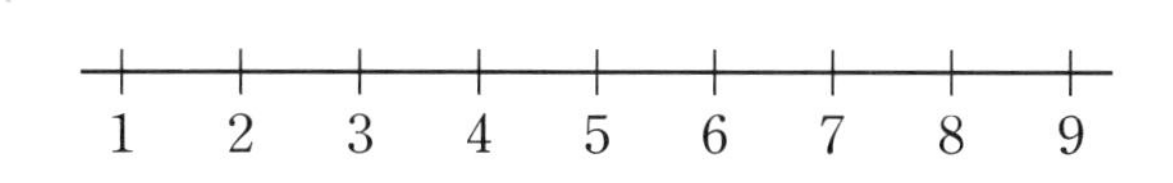

❻ 15 이하인 수

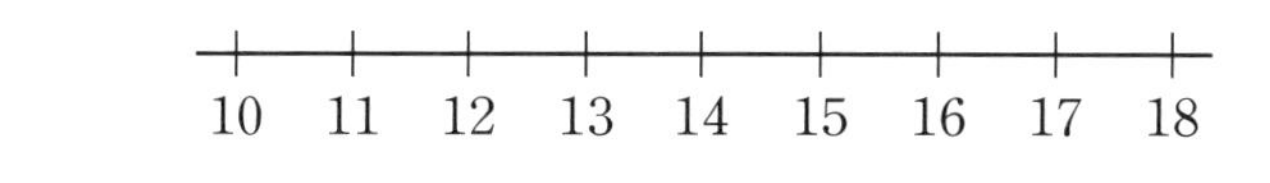

❼ 26 이하인 수

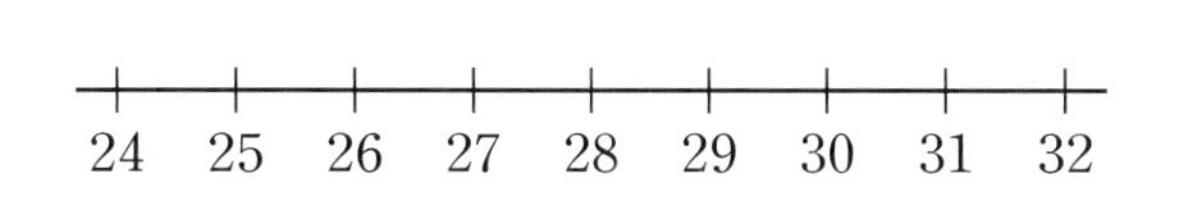

❽ 32 이하인 수

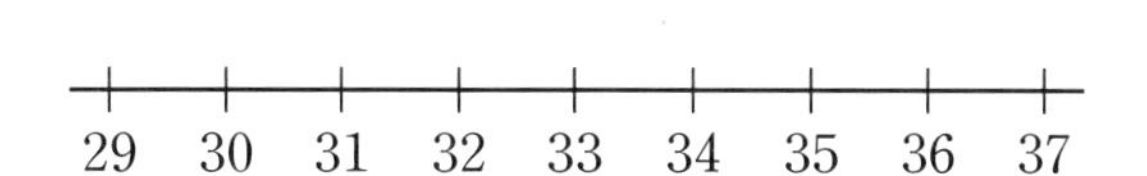

1일 기초 집중 연습

수직선에 나타낸 수의 범위에 맞게 이상, 이하 중에서 알맞은 말을 ▢ 안에 써넣으세요.

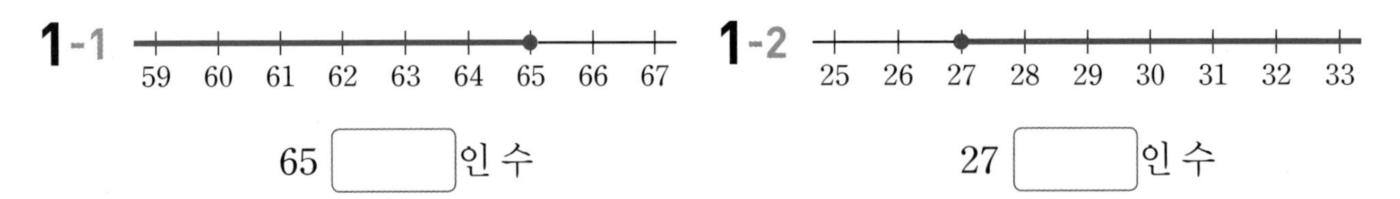

1-1 65 ▢인 수

1-2 27 ▢인 수

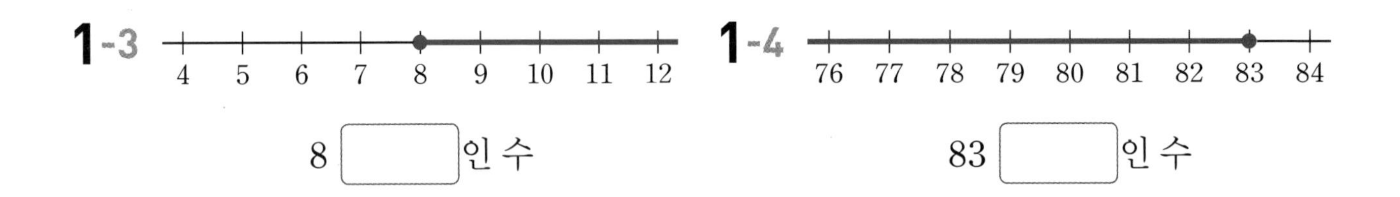

1-3 8 ▢인 수

1-4 83 ▢인 수

보기 와 같이 수의 범위에 알맞은 수를 모두 찾아 ▢ 안에 써넣으세요.

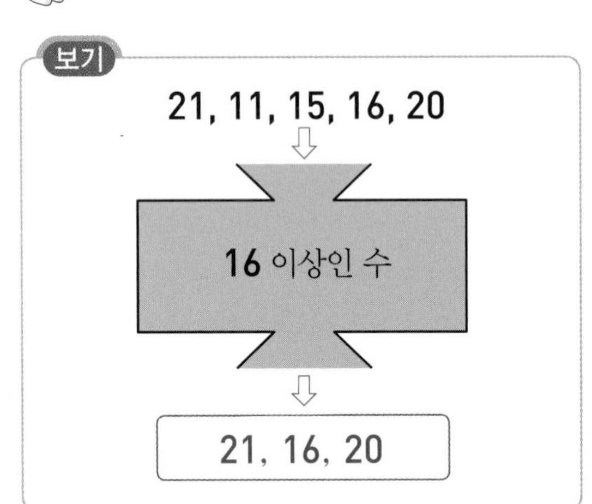

2-1

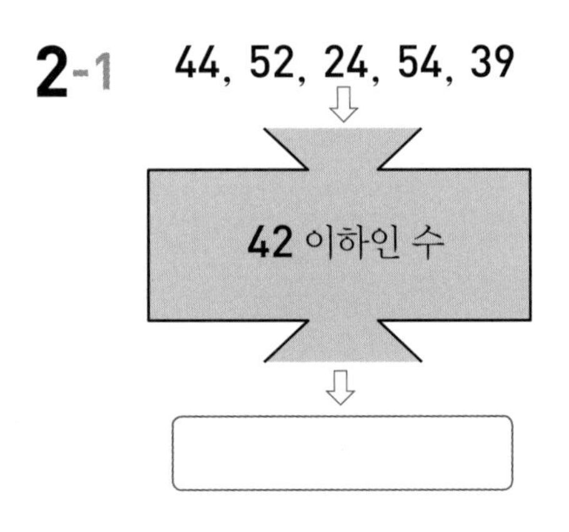

2-2

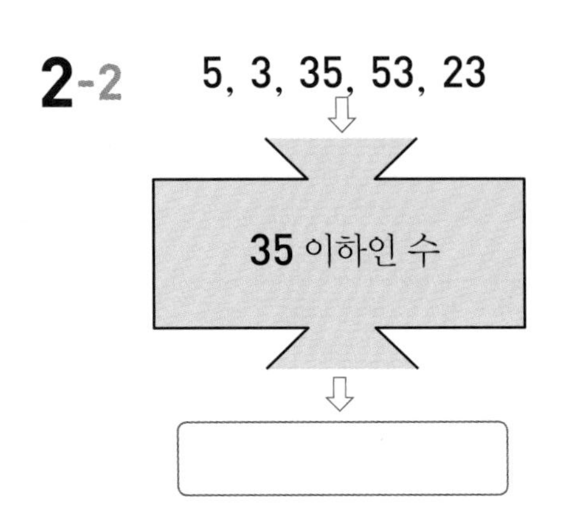

2-3

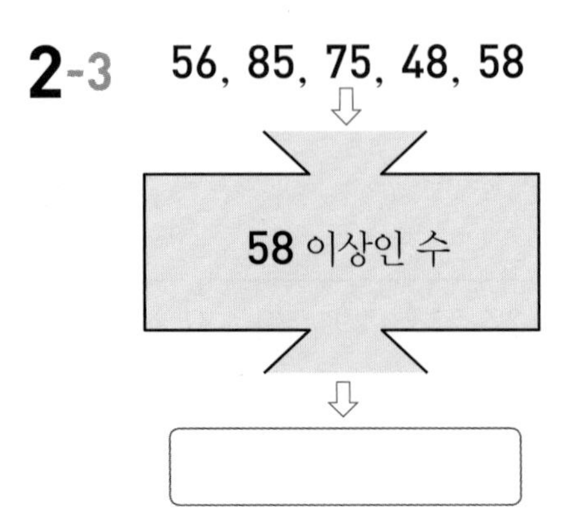

제한 시간 10분

생활 속 문제

교통 표지판을 보고 주어진 수의 범위를 수직선에 나타내어 보세요.

3-1

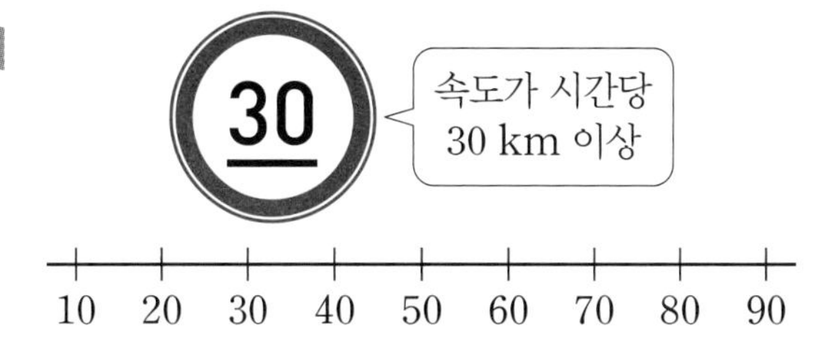

3-2

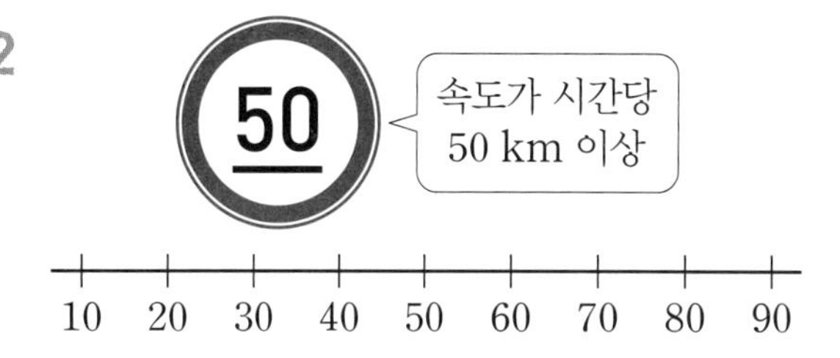

3-3

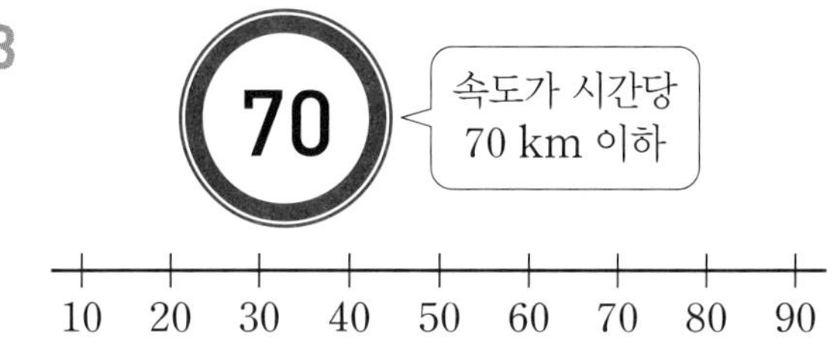

3-4

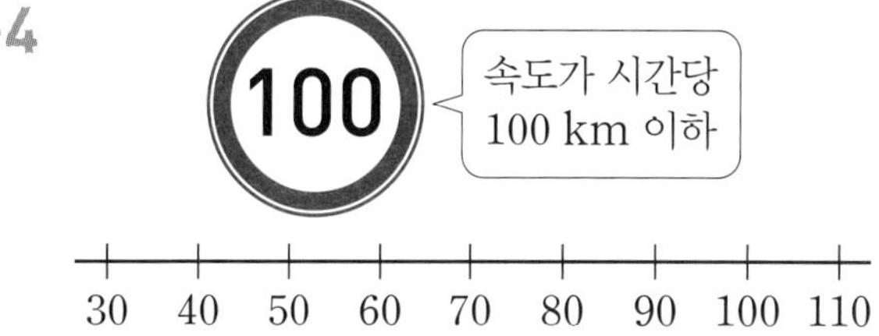

문장 읽고 문제 해결하기

4-1 17 이상인 수 중에서 가장 작은 자연수는?

답 ______________

4-2 62 이상인 수 중에서 가장 작은 자연수는?

답 ______________

4-3 83 이하인 수 중에서 가장 큰 자연수는?

답 ______________

4-4 45 이하인 수 중에서 가장 큰 자연수는?

답 ______________

2일 초과와 미만 ①

똑똑한 하루 계산법

• **초과인 수, 미만인 수 찾아보기**

예 40 초과인 수에 ○표, 30 미만인 수에 △표 하기

(43) 34 △15 (52) 40 △21 △8 (47) 30

43, 52, 47과 같이 40보다 큰 수를 40 초과인 수라고 해요.

15, 21, 8과 같이 30보다 작은 수를 30 미만인 수라고 해요.

OX 퀴즈

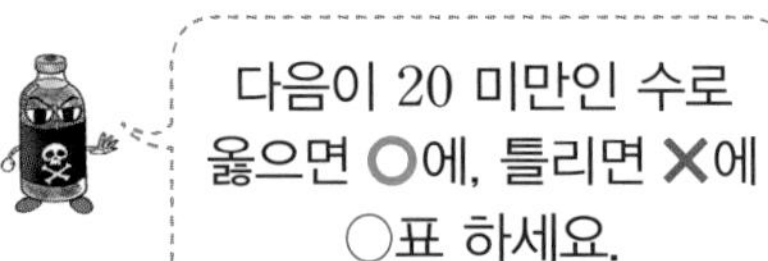

다음이 20 미만인 수로 옳으면 O에, 틀리면 X에 ○표 하세요.

16 17 18 19 20

정답 X에 ○표

똑똑한 계산 연습

▶정답 및 풀이 2쪽

제한 시간 5분

왼쪽에 주어진 수 초과인 수에 모두 ○표 하세요.

❶ 4 | 3 4 5 6

❷ 13 | 13 14 15 16

❸ 20 | 19 20 21 22

❹ 29 | 30 31 32 33

❺ 37 | 37 38 39 40

❻ 42 | 41 42 43 44

왼쪽에 주어진 수 미만인 수에 모두 ○표 하세요.

❼ 6 | 3 4 5 6

❽ 17 | 15 16 17 18

❾ 25 | 21 22 23 24

❿ 36 | 33 34 35 36

⓫ 40 | 37 38 39 40

⓬ 46 | 44 45 46 47

초과와 미만 ②

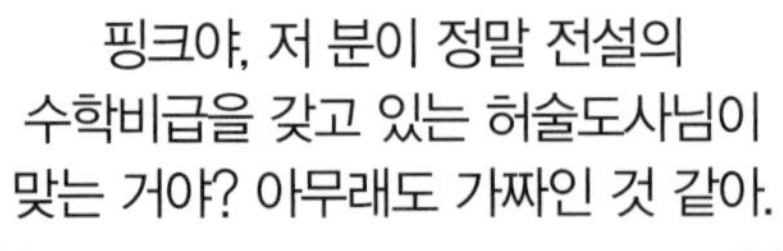

핑크야, 저 분이 정말 전설의 수학비급을 갖고 있는 허술도사님이 맞는 거야? 아무래도 가짜인 것 같아.

허술도사님이 맞아.

최고의 요리사가 될 나의 감각은 틀린 적이 없다고.
그 요리 실력으로?
아무래도 우리가 도사님을 시험해봐야겠어.

누가 누구를 시험해본다고?
헉! 인기척이 전혀 느껴지지 않았어!
스윽

그렇게 의심이 된다면 수학비급을 들고 있는 나의 능력을 보여주마.
둘다 눈을 감아 보거라.

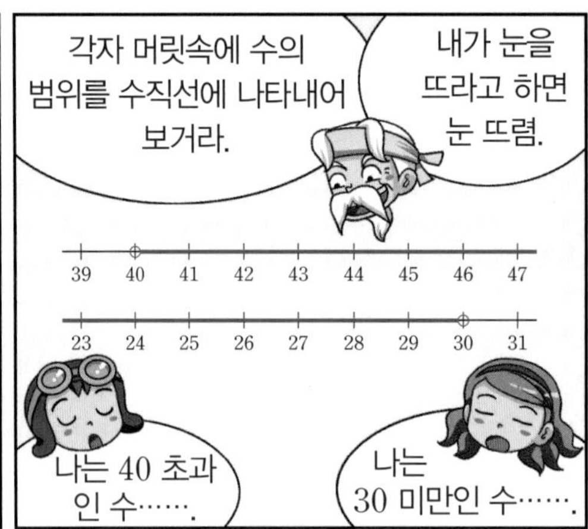

각자 머릿속에 수의 범위를 수직선에 나타내어 보거라.
내가 눈을 뜨라고 하면 눈 뜨렴.
39 40 41 42 43 44 45 46 47
23 24 25 26 27 28 29 30 31
나는 40 초과인 수…….
나는 30 미만인 수…….

깍..깍
이제 눈 뜨면 돼요? 도사님?

똑똑한 하루 계산법

- **초과, 미만인 수의 범위를 수직선에 나타내기**

㉠ 40 초과인 수를 수직선에 나타내기

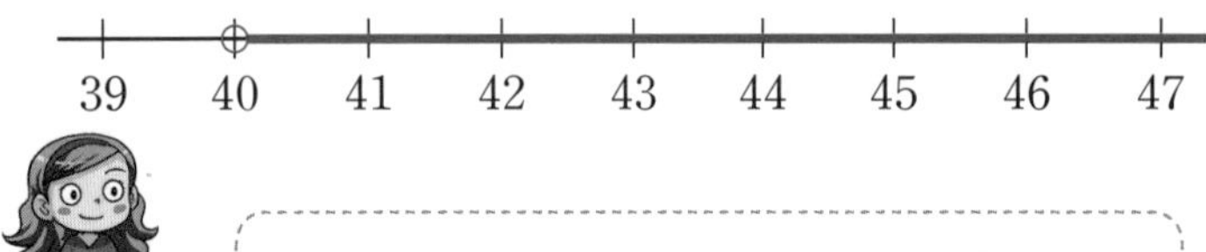

40에 ○으로 표시하고 오른쪽으로 선을 그어요.

㉠ 30 미만인 수를 수직선에 나타내기

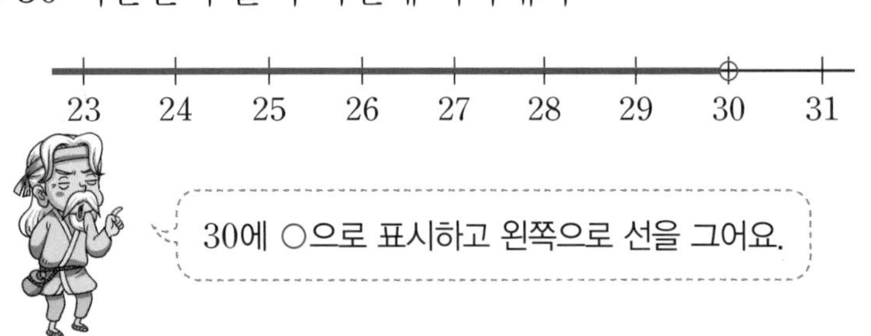

30에 ○으로 표시하고 왼쪽으로 선을 그어요.

○✕ 퀴즈

10 초과인 수를 수직선에 나타낸 것이 옳으면 ○에, 틀리면 ✕에 ○표 하세요.

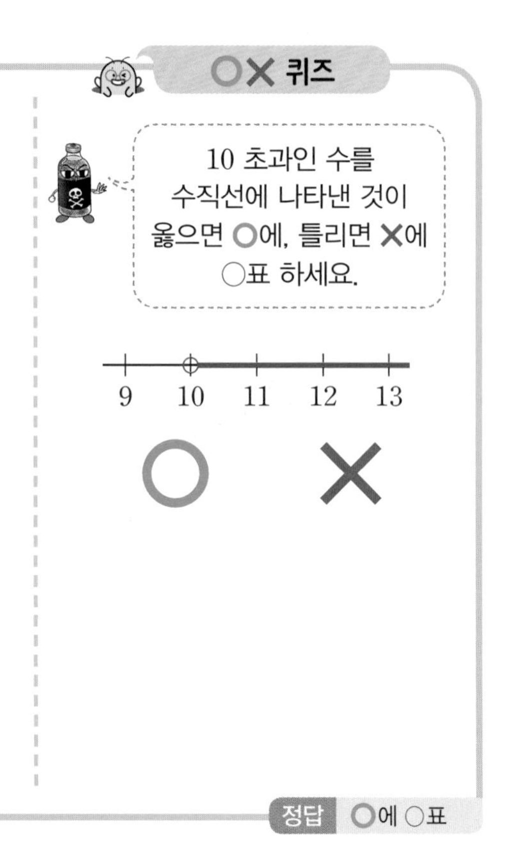

정답 ○에 ○표

똑똑한 계산 연습

▶정답 및 풀이 2쪽

제한 시간 5분

주어진 수의 범위를 수직선에 나타내어 보세요.

❶ 8 초과인 수

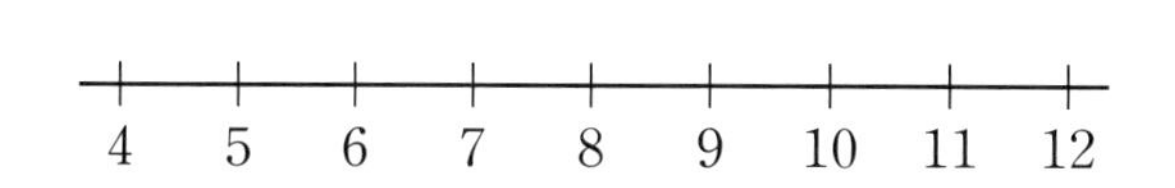

❷ 11 초과인 수

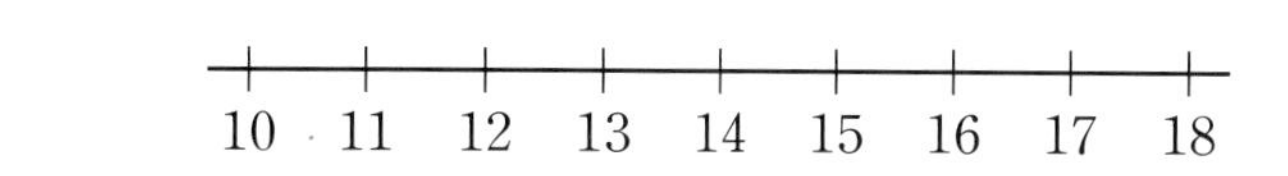

❸ 47 초과인 수

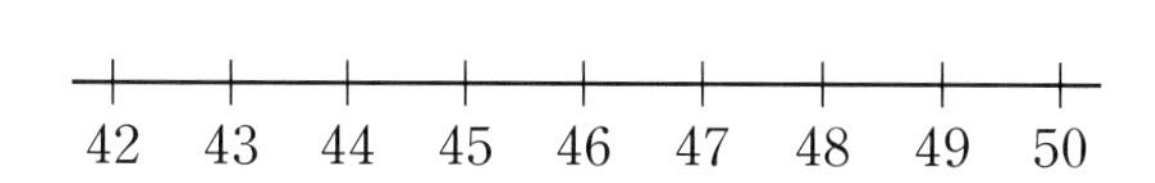

❹ 36 초과인 수

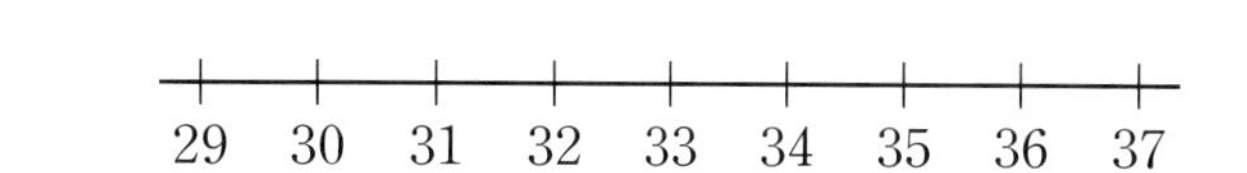

❺ 5 미만인 수

❻ 14 미만인 수

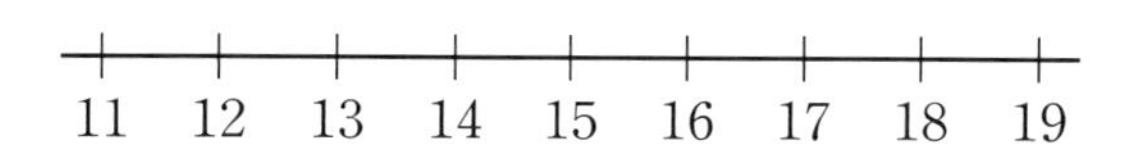

❼ 27 미만인 수

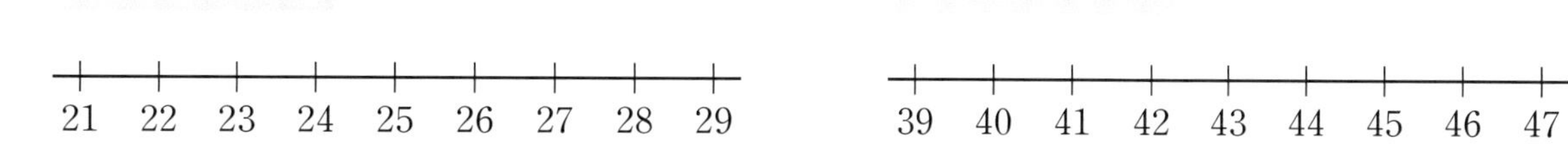

❽ 43 미만인 수

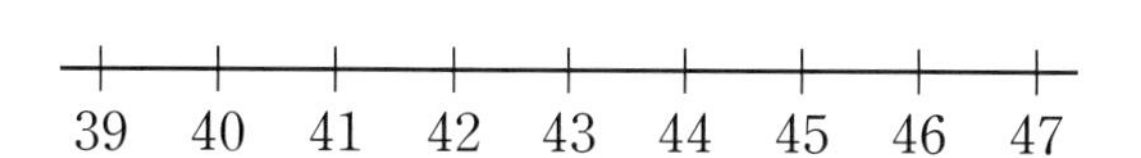

2일 기초 집중 연습

수직선에 나타낸 수의 범위에 맞게 초과, 미만 중에서 알맞은 말을 ▢ 안에 써넣으세요.

1-1 / **1-2**

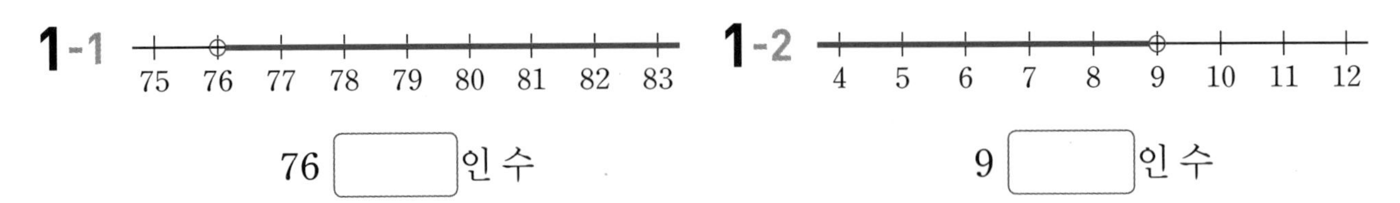

1-1: 76 ▢ 인 수

1-2: 9 ▢ 인 수

1-3 / **1-4**

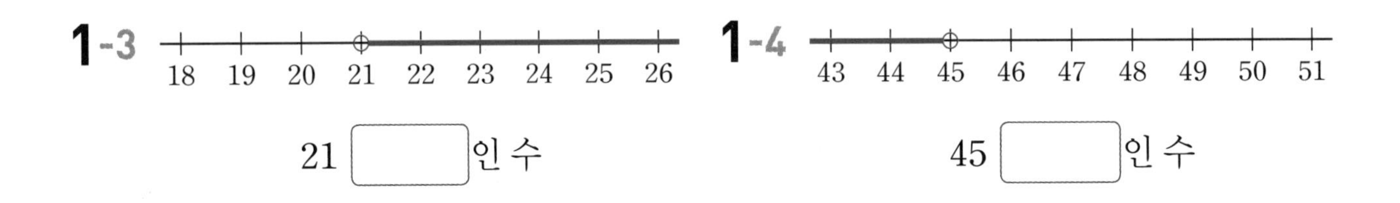

1-3: 21 ▢ 인 수

1-4: 45 ▢ 인 수

보기 와 같이 수의 범위에 알맞은 수를 모두 찾아 ▢ 안에 써넣으세요.

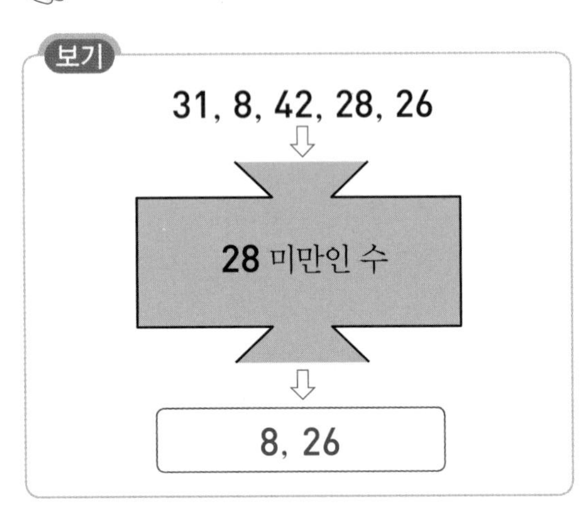

2-1

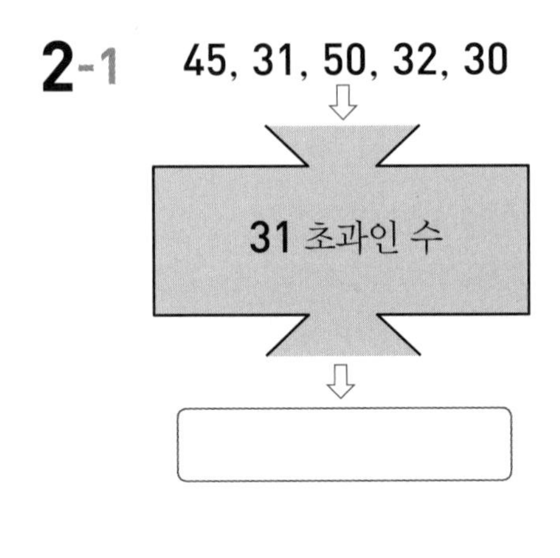

2-2

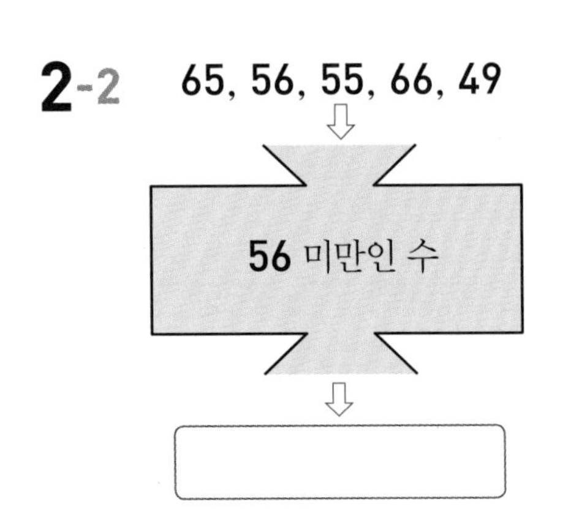

2-3

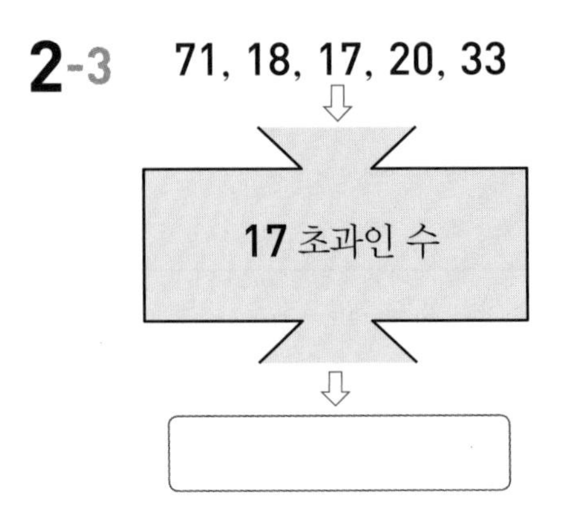

제한 시간 10분

생활 속 문제

정원이 44명인 버스에 다음과 같이 사람들이 타고 있습니다. 정원을 초과한 버스에 ○표 하세요.

3-1

3-2

3-3

3-4

문장 읽고 문제 해결하기

4-1 72 초과인 수 중에서 가장 작은 자연수는?

답 ______________

4-2 39 초과인 수 중에서 가장 작은 자연수는?

답 ______________

4-3 20 미만인 수 중에서 가장 큰 자연수는?

 ______________

4-4 56 미만인 수 중에서 가장 큰 자연수는?

답 ______________

3일 수의 범위를 활용하여 문제 해결하기 ①

장난은 이제 그만하고 제자로 삼는 것을 진지하게 생각하겠다.
역시 지금까지 다 장난이셨던 거군요.

전설의 수학비급의 주인이 되려면 우선 협동심이 중요하다.
그럼 어떤 수련을 해야 하죠?

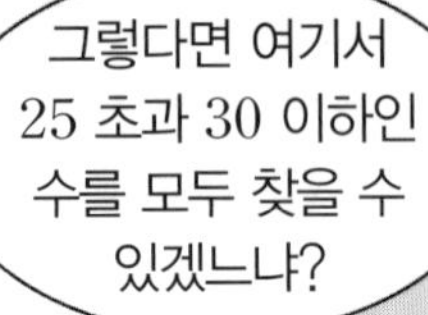
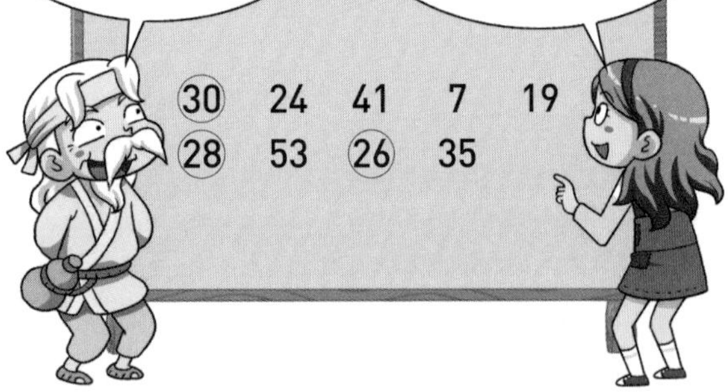

그렇다면 여기서 25 초과 30 이하인 수를 모두 찾을 수 있겠느냐?
25보다 크고 30과 같거나 작은 수를 모두 찾으면 30, 28, 26입니다.
30 24 41 7 19
28 53 26 35

좋다. 각자 찾은 수 중에 마음에 드는 수를 골라 보거라.
19
30
난 19.
난 30.

고른 개수만큼 둘이 협동하여 빵과 우유를 사 오거라.
결국 심부름 이잖아요!
협동심

똑똑한 하루 계산법

• 2가지 수의 범위에 해당하는 수 찾아보기

예 15 이상 20 미만인 수에 ○표 하기

20	12	(16)	22	(19)	8	34	5	(15)

15와 같거나 크고 20보다 작은 수를 모두 찾으면 16, 19, 15예요.

예 25 초과 30 이하인 수에 ○표 하기

(30)	24	41	7	19	(28)	53	(26)	35

25보다 크고 30과 같거나 작은 수를 모두 찾으면 30, 28, 26이에요.

○× 퀴즈

다음이 41 이상 45 미만인 수로 옳으면 ○에, 틀리면 ×에 ○표 하세요.

41 42 43 44 45

정답 ×에 ○표

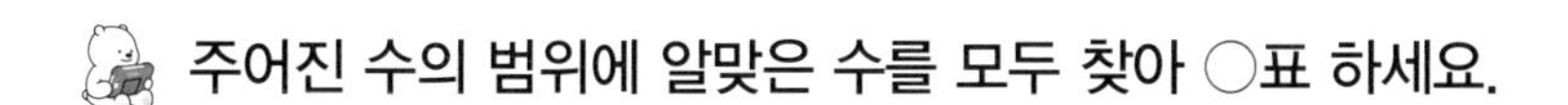

▶정답 및 풀이 3쪽

제한 시간 5분

주어진 수의 범위에 알맞은 수를 모두 찾아 ○표 하세요.

1 7 이상 10 이하인 수

6	7	8	9	10	11

2 40 이상 42 이하인 수

38	39	40	41	42	43

3 19 이상 22 미만인 수

19	20	21	22	23	24

4 34 이상 36 미만인 수

31	32	33	34	35	36

5 14 초과 18 이하인 수

13	14	15	16	17	18

6 59 초과 62 이하인 수

59	60	61	62	63	64

7 27 초과 31 미만인 수

26	27	28	29	30	31

8 49 초과 54 미만인 수

49	50	51	52	53	54

3일 수의 범위를 활용하여 문제 해결하기 ②

수직선에 15 이상 20 미만인 수를 나타내고, 25 초과 30 이하인 수도 나타내어 보거라.

14 15 16 17 18 19 20 21 22

24 25 26 27 28 29 30 31 32

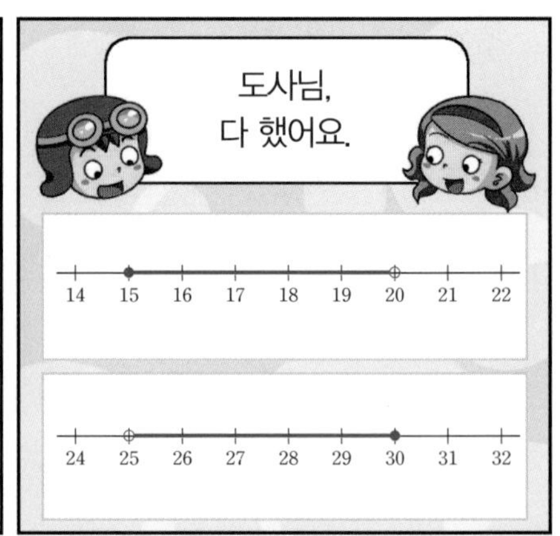

똑똑한 하루 계산법

• 2가지 수의 범위를 수직선에 나타내기

예 15 이상 20 미만인 수를 수직선에 나타내기

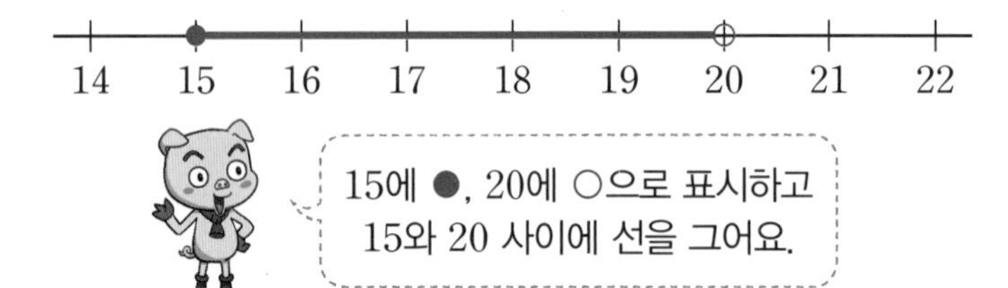

15에 ●, 20에 ○으로 표시하고 15와 20 사이에 선을 그어요.

예 25 초과 30 이하인 수를 수직선에 나타내기

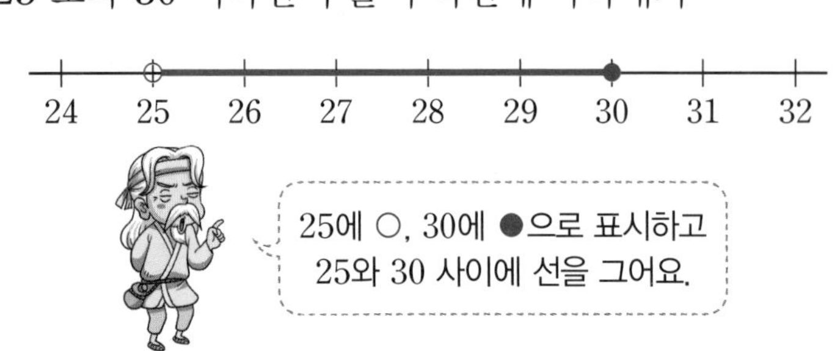

25에 ○, 30에 ●으로 표시하고 25와 30 사이에 선을 그어요.

○✕ 퀴즈

50 초과 52 이하인 수를 수직선에 나타낸 것이 옳으면 ○에, 틀리면 ✕에 ○표 하세요.

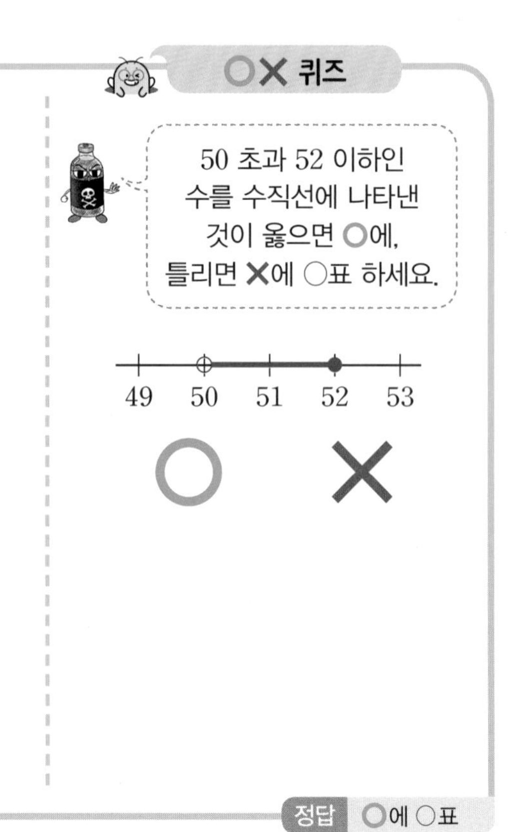

정답 ○에 ○표

똑똑한 계산 연습

제한 시간 5분

주어진 수의 범위를 수직선에 나타내어 보세요.

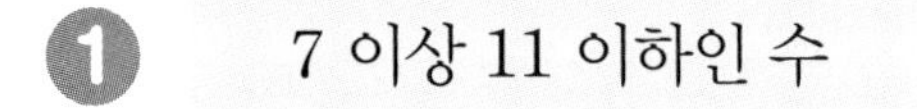

1. 7 이상 11 이하인 수

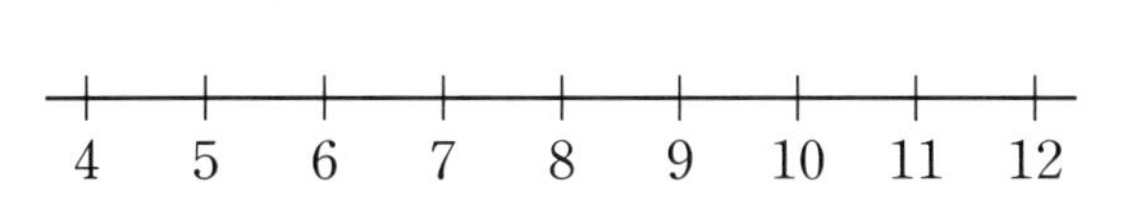

2. 39 이상 41 이하인 수

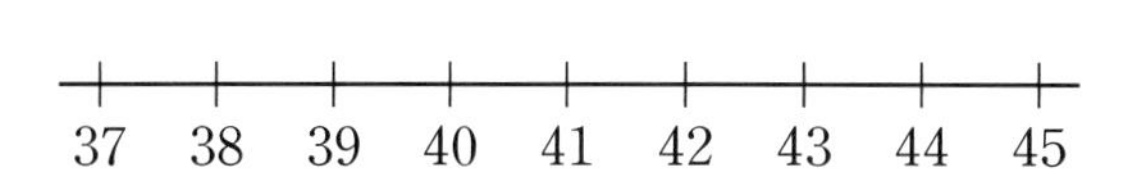

3. 68 이상 71 미만인 수

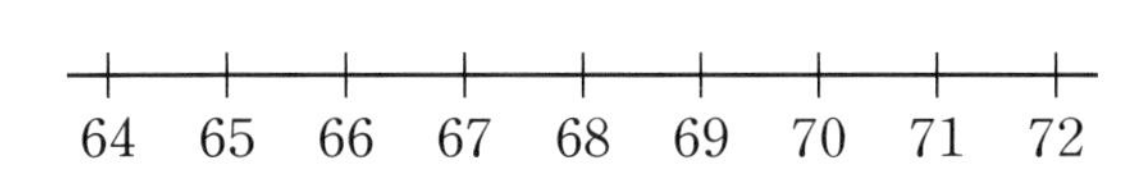

4. 16 이상 21 미만인 수

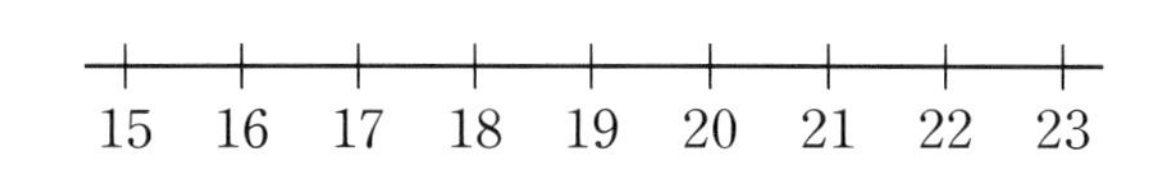

5. 30 초과 33 이하인 수

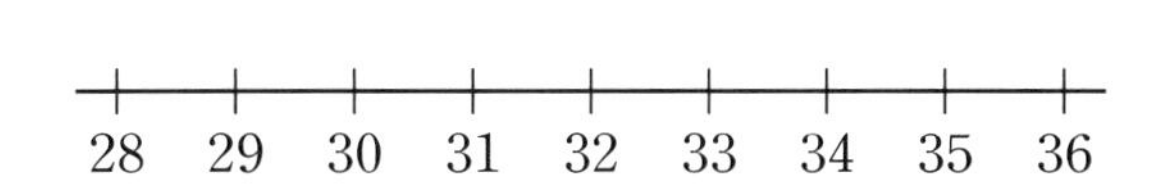

6. 47 초과 53 이하인 수

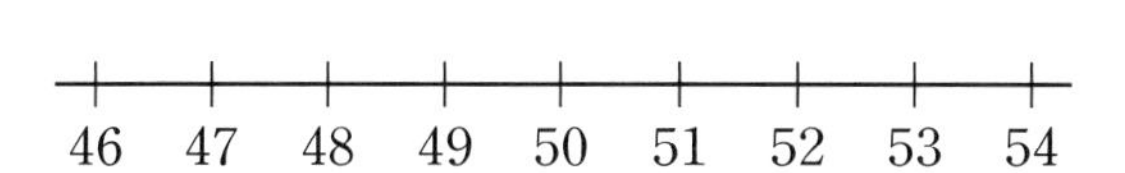

7. 22 초과 24 미만인 수

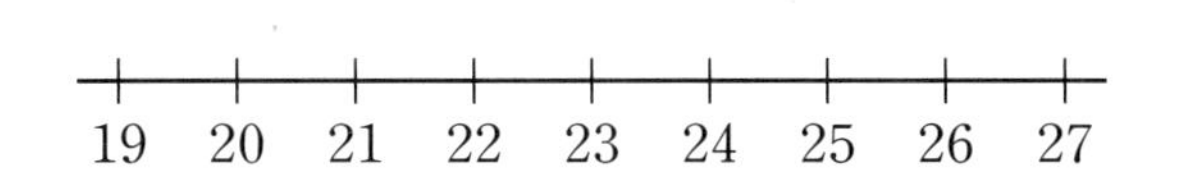

8. 59 초과 63 미만인 수

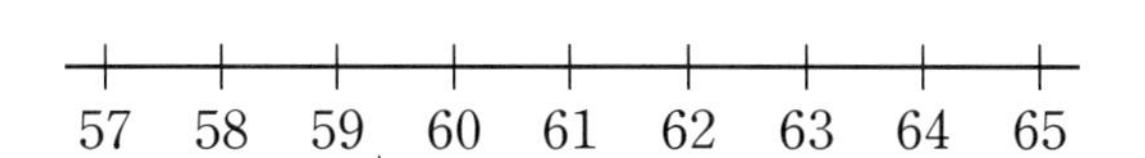

3일 기초 집중 연습

수직선에 나타낸 수의 범위에 포함되는 자연수는 모두 몇 개인지 구하세요.

1-1 **1-2**

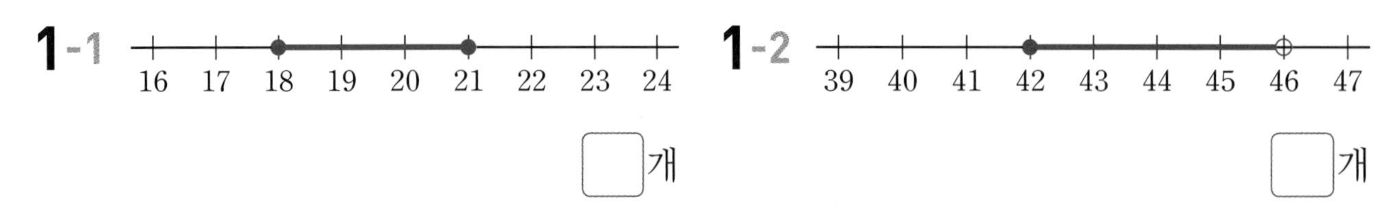

1-1: ☐개

1-2: ☐개

1-3 **1-4**

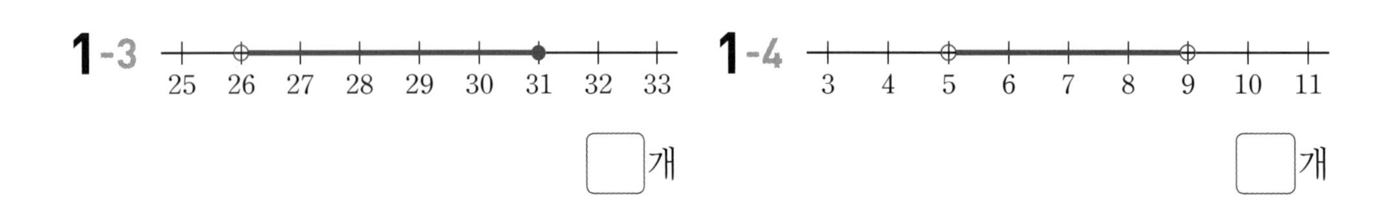

1-3: ☐개

1-4: ☐개

보기 와 같이 수의 범위에 알맞은 수를 모두 찾아 ☐ 안에 써넣으세요.

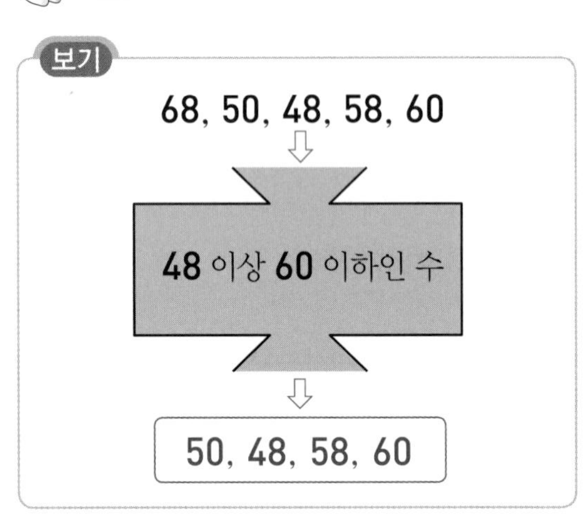

2-1

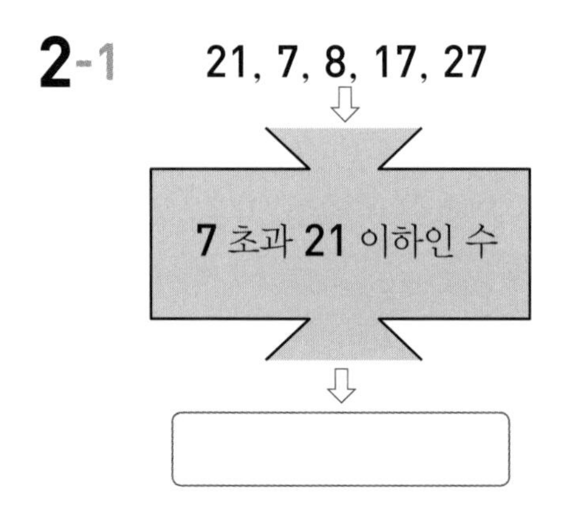

2-2

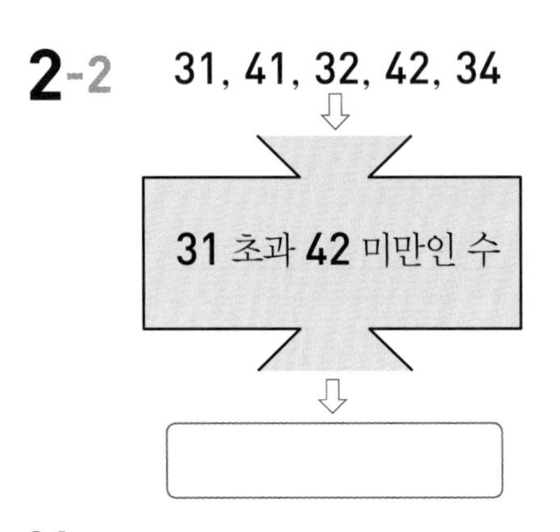

2-3 40, 29, 24, 39, 35

25 이상 39 미만인 수

제한 시간 10분

생활 속 문제

태권도부 학생들의 몸무게와 몸무게에 따른 체급을 나타낸 표입니다. 각 학생들이 어느 체급에 속하는지 써 보세요.

태권도부 학생들의 몸무게

이름	민호	수현	영탁	정우
몸무게(kg)	40	32	37	36

몸무게별 체급(초등학생용)

몸무게 범위(kg)	체급
32 이하	핀급
32 초과 34 이하	플라이급
34 초과 36 이하	밴텀급
36 초과 38 이하	페더급
39 초과	라이트급

3-1 민호 ⇨ (　　　　　　)

3-2 수현 ⇨ (　　　　　　)

3-3 영탁 ⇨ (　　　　　　)

3-4 정우 ⇨ (　　　　　　)

문장 읽고 문제 해결하기

4-1 9 이상 16 이하인 자연수는 모두 몇 개?

답 ______________개

4-2 37 이상 46 미만인 자연수는 모두 몇 개?

답 ______________개

4-3 28 초과 35 이하인 자연수는 모두 몇 개?

답 ______________개

4-4 20 초과 30 미만인 자연수는 모두 몇 개?

답 ______________개

4 일

올림과 버림 ①

도사님께서 203을 올림하여 십의 자리까지 나타낸 수만큼의 떡을 사 오라 하시는데 무슨 말씀일까?

올림이란 구하려는 자리의 아래 수를 올려서 나타내는 방법을 말해.

그래서 십의 자리 아래 수인 3을 10으로 올리는 거지.
203 ⇨ 210
203을 210으로 나타낼 수 있어.

7.461을 올림하여 소수 첫째 자리까지 나타내야 하는 경우도~.
7.461 ⇨ 7.5
소수 첫째 자리 아래 수인 0.061을 0.1로 보고 7.5로 나타낼 수 있지.

해나야, 원래 이렇게 수학을 잘했냐?
전설의 수학비급을 얻으려면 이 정도는 해야지.

핑크야, 설마 올림을 몰라서 아직 못 가고 있는 거니?
아……
알고 있었거든요?!

똑똑한 하루 계산법

• **올림** – 구하려는 자리의 아래 수를 올려서 나타내는 방법

㉮ 203을 올림하여 십의 자리까지 나타내기

203 ⇨ 210

십의 자리 아래 수인 3을 10으로 보고 210으로 나타낼 수 있어요.

㉮ 7.461을 올림하여 소수 첫째 자리까지 나타내기

7.461 ⇨ 7.5

소수 첫째 자리 아래 수인 0.061을 0.1로 보고 7.5로 나타낼 수 있어요.

○✕ 퀴즈

올림하여 십의 자리까지 나타낸 것이 옳으면 ○에, 틀리면 ✕에 ○표 하세요.

❶ 180 ⇨ 190

○ ✕

❷ 491 ⇨ 500

○ ✕

정답 ❶ ✕에 ○표 ❷ ○에 ○표

▶정답 및 풀이 4쪽

제한 시간 5분

올림하여 주어진 자리까지 나타내어 보세요.

❶ 213(십의 자리)

❷ 547(십의 자리)

❸ 614(백의 자리)

❹ 382(백의 자리)

❺ 4019(십의 자리)

❻ 5267(백의 자리)

❼ 1004(백의 자리)

❽ 7403(천의 자리)

❾ 0.38(소수 첫째 자리)

❿ 6.072(소수 둘째 자리)

올림과 버림 ②

핑크가 다녀올 동안 너희에게는 수학비급을 얻기 위한 무술인 버림술을 알려주마.

찬이는 203을 버림하여 백의 자리까지 나타낸 수를 외쳐 보아라.
해나는 7.461을 버림하여 소수 둘째 자리까지 나타낸 수를 외치면 된다.
203 ⇨ ?
7.461 ⇨ ?

숫자가 물건도 아니고 어떻게 버리라는 말이지?
203 ⇨ ?
백의 자리 아래 수인 03을 0으로 보면 돼.

그럼 7.461은 소수 둘째 자리 아래 수인 0.001을 0으로 보면 되는 거네?
7.461 ⇨ ?

웬 쓰레기예요?!
어서 가서 버리고 오너라. 이게 바로 버림술이다.

똑똑한 하루 계산법

• **버림** – 구하려는 자리의 아래 수를 버려서 나타내는 방법

㉄ 203을 버림하여 백의 자리까지 나타내기

203 ⇨ 200

백의 자리 아래 수인 03을 0으로 보고 200으로 나타낼 수 있어요.

㉄ 7.461을 버림하여 소수 둘째 자리까지 나타내기

7.461 ⇨ 7.46

소수 둘째 자리 아래 수인 0.001을 0으로 보고 7.46으로 나타낼 수 있어요.

○✕ 퀴즈

버림하여 소수 첫째 자리까지 나타낸 것이 옳으면 ○에, 틀리면 ✕에 ○표 하세요.

0.37 ⇨ 0.4

❶ ○ 

5.829 ⇨ 5.8

❷ ○ 

정답 ❶ ✕에 ○표 ❷ ○에 ○표

똑똑한 계산 연습

제한 시간 5분

버림하여 주어진 자리까지 나타내어 보세요.

❶ 834(십의 자리)

❷ 519(십의 자리)

❸ 627(백의 자리)

❹ 283(백의 자리)

❺ 4365(십의 자리)

❻ 9701(백의 자리)

❼ 3002(천의 자리)

❽ 5108(천의 자리)

❾ 0.76(소수 첫째 자리)

❿ 8.349(소수 둘째 자리)

4일 기초 집중 연습

올림, 버림하여 주어진 자리까지 나타내어 보세요.

1-1 540(십의 자리)

올림	버림

1-2 379(백의 자리)

올림	버림

1-3 6025(백의 자리)

올림	버림

1-4 1895(천의 자리)

올림	버림

보기 와 같이 ☐ 안에 알맞은 말을 써넣으세요.

보기
294를 버림하여 [십]의 자리까지 나타내면 290입니다.

2-1 7685를 버림하여 ☐의 자리까지 나타내면 7000입니다.

2-2 0.304를 올림하여 소수 ☐ 자리까지 나타내면 0.4입니다.

2-3 4.129를 올림하여 소수 ☐ 자리까지 나타내면 4.13입니다.

제한 시간 10분

생활 속 문제

다음과 같이 과일을 상자에 담아서 팔려고 할 때, 팔 수 있는 상자는 최대 몇 상자인지 구하세요.

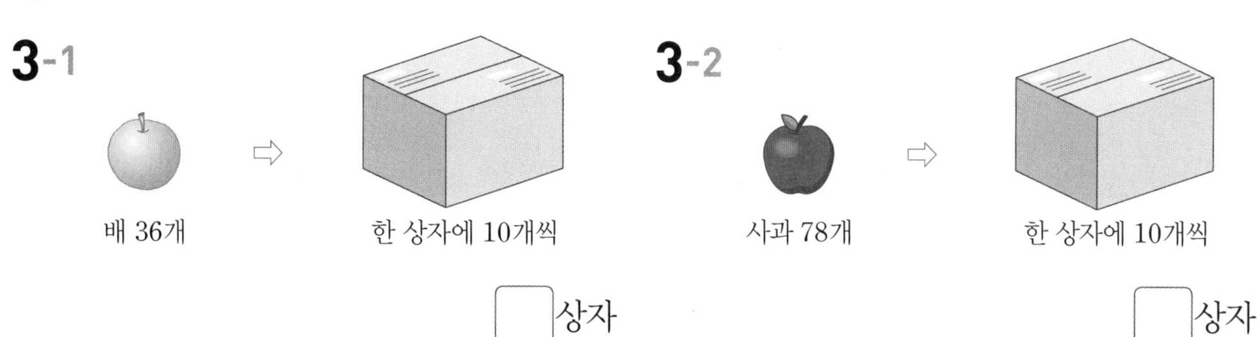

3-1 배 36개 ⇨ 한 상자에 10개씩

□상자

3-2 사과 78개 ⇨ 한 상자에 10개씩

□상자

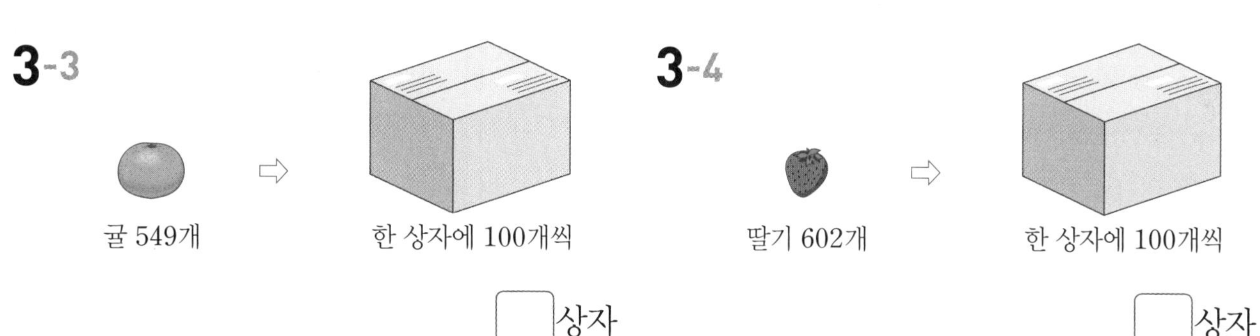

3-3 귤 549개 ⇨ 한 상자에 100개씩

□상자

3-4 딸기 602개 ⇨ 한 상자에 100개씩

□상자

문장 읽고 문제 해결하기

4-1 374를 올림하여 십의 자리까지 나타내면?

답 ______

4-2 801을 올림하여 백의 자리까지 나타내면?

답 ______

4-3 695를 버림하여 십의 자리까지 나타내면?

답 ______

4-4 287을 버림하여 백의 자리까지 나타내면?

답 ______

반올림 ①

오늘은 나와 핑크가 함께 저녁 식사를 준비해 볼게.
괜찮을까 …….

요리책에 3284를 반올림하여 십의 자리까지 나타낸 수만큼 줄넘기를 하라는데.
해나야, 반올림이 뭐야?

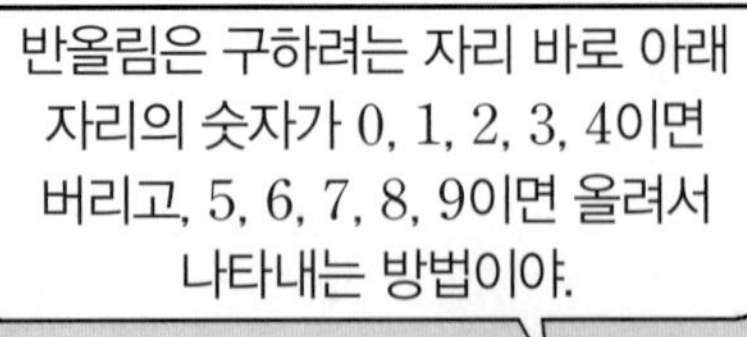

그럼 십의 자리 아래 숫자가 4이니까 3280이네.
어서 3280번 줄넘기를 시작해.
3284 ⇨ 3280

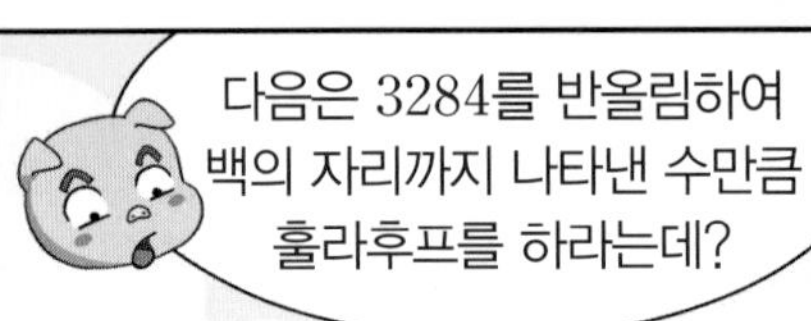

다음은 3284를 반올림하여 백의 자리까지 나타낸 수만큼 훌라후프를 하라는데?

3284 ⇨ 3300

백의 자리 아래 숫자가 8이므로 올려서 3300으로 나타낼 수 있겠네.

무슨 요리책이 이래?
책 제목이 건강한 몸 만들기 인데?!
건강한 몸 만들기

똑똑한 하루 계산법

• **자연수를 반올림하기** ─ 구하려는 자리 바로 아래 자리의 숫자가 0, 1, 2, 3, 4이면 버리고, 5, 6, 7, 8, 9이면 올려서 나타내는 방법

예 3284를 반올림하여 십의 자리까지 나타내기

3284 ⇨ 3280

십의 자리 아래 숫자가 4이므로 버리면 3280으로 나타낼 수 있어요.

예 3284를 반올림하여 백의 자리까지 나타내기

3284 ⇨ 3300

백의 자리 아래 숫자가 8이므로 올리면 3300으로 나타낼 수 있어요.

OX 퀴즈

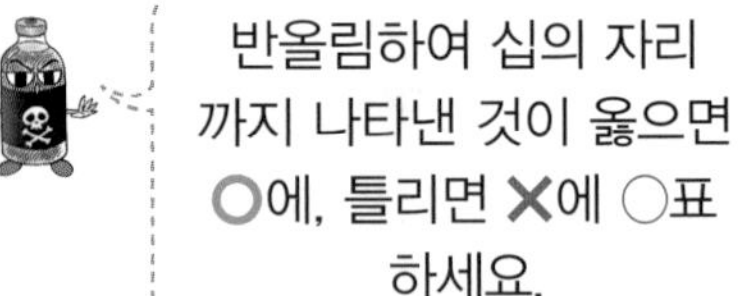

반올림하여 십의 자리까지 나타낸 것이 옳으면 ○에, 틀리면 ✕에 ○표 하세요.

2905 ⇨ 2910

❶  

7194 ⇨ 7200

❷ ○ 

정답 ❶ ○에 ○표 ❷ ✕에 ○표

똑똑한 계산 연습

▶정답 및 풀이 5쪽

제한 시간 5분

반올림하여 주어진 자리까지 나타내어 보세요.

1. 854(십의 자리)

2. 365(십의 자리)

3. 783(백의 자리)

4. 425(백의 자리)

5. 2091(십의 자리)

6. 5176(십의 자리)

7. 6903(백의 자리)

8. 1024(백의 자리)

9. 7409(천의 자리)

10. 3687(천의 자리)

반올림 ②

다음은 4.519를 반올림하여 소수 둘째 자리까지 나타낸 수만큼의 토마토소스를 넣으면 된대.

4.519 ⇨ 4.52

소수 둘째 자리 아래 숫자가 9이므로 올리면 4.52로 나타낼 수 있지.

똑똑한 하루 계산법

- **소수를 반올림하기**

㉠ 4.519를 반올림하여 소수 첫째 자리까지 나타내기

4.519 ⇨ 4.5

소수 첫째 자리 아래 숫자가 1이므로 버리면 4.5로 나타낼 수 있어요.

㉠ 4.519를 반올림하여 소수 둘째 자리까지 나타내기

4.519 ⇨ 4.52

소수 둘째 자리 아래 숫자가 9이므로 올리면 4.52로 나타낼 수 있어요.

○✕ 퀴즈

반올림하여 소수 둘째 자리까지 나타낸 것이 옳으면 ○에, 틀리면 ✕에 ○표 하세요.

7.603 ⇨ 7.6

❶  

8.095 ⇨ 8.01

❷  

정답 ❶ ○에 ○표 ❷ ✕에 ○표

똑똑한 계산 연습

▶정답 및 풀이 6쪽

제한 시간 5분

반올림하여 주어진 자리까지 나타내어 보세요.

❶ 0.16(소수 첫째 자리)

❷ 0.83(소수 첫째 자리)

❸ 4.72(소수 첫째 자리)

❹ 5.49(소수 첫째 자리)

❺ 0.157(소수 둘째 자리)

❻ 0.652(소수 둘째 자리)

❼ 8.709(소수 둘째 자리)

❽ 3.286(소수 둘째 자리)

❾ 0.541(일의 자리)

❿ 7.308(일의 자리)

5일 기초 집중 연습

반올림하여 주어진 자리까지 나타내어 ▢ 안에 써넣으세요.

1-1 856

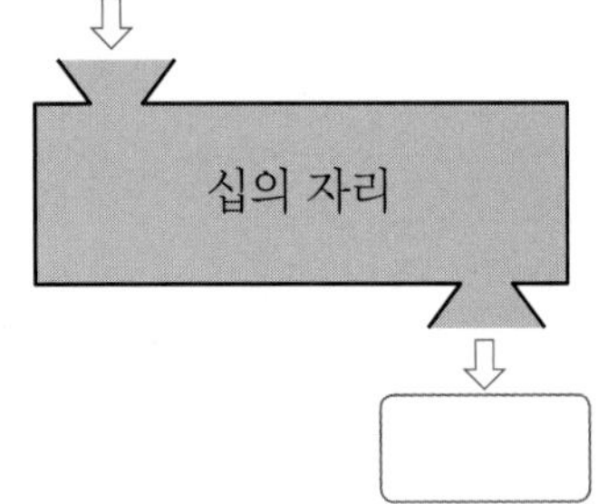

1-2 3097

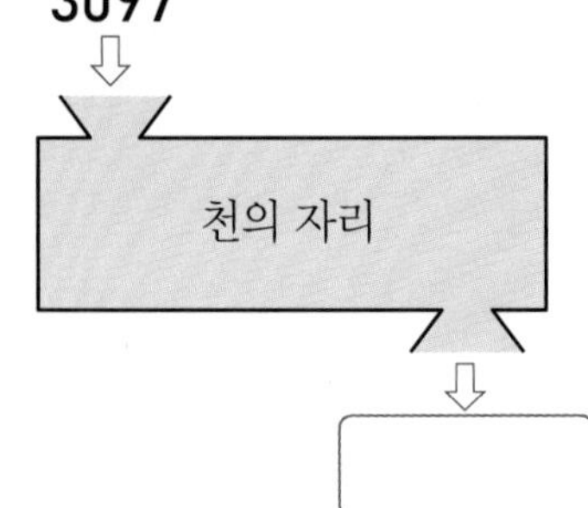

1-3 0.12

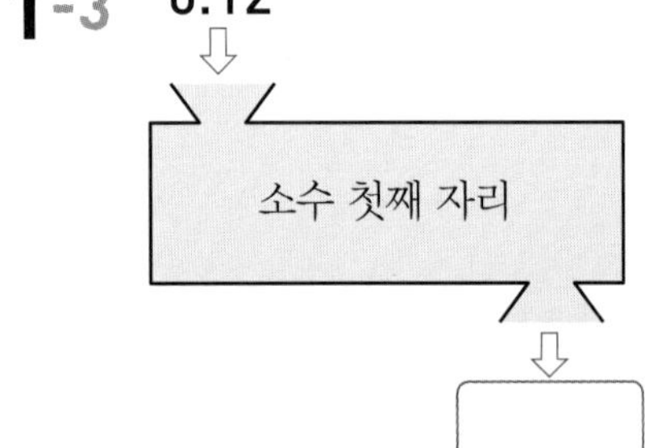

1-4 4.098

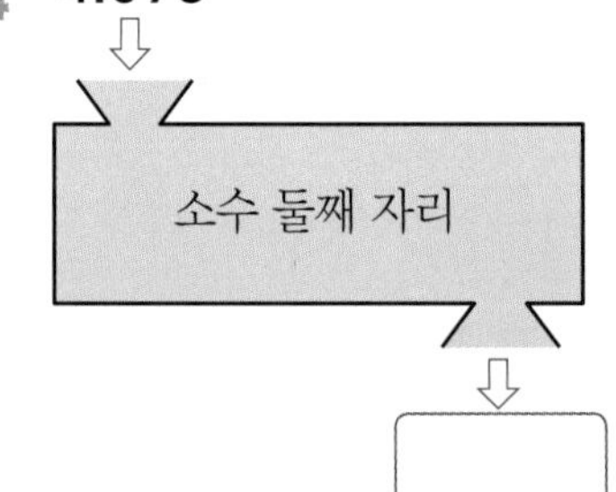

보기 와 같이 ▢ 안에 알맞은 말을 써넣으세요.

> **보기**
> 763을 반올림하여 [백]의 자리까지 나타내면 800입니다.

2-1 4289를 반올림하여 ▢의 자리까지 나타내면 4000입니다.

2-2 0.587을 반올림하여 소수 ▢ 자리까지 나타내면 0.59입니다.

2-3 1.645를 반올림하여 소수 ▢ 자리까지 나타내면 1.6입니다.

▶정답 및 풀이 6쪽

제한 시간 10분

생활 속 문제

물건의 길이는 약 몇 cm인지 반올림하여 일의 자리까지 나타내어 보세요.

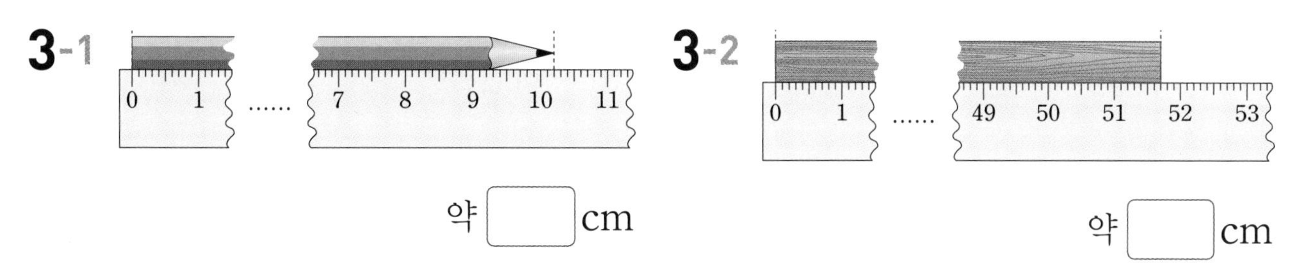

3-1 약 ☐ cm

3-2 약 ☐ cm

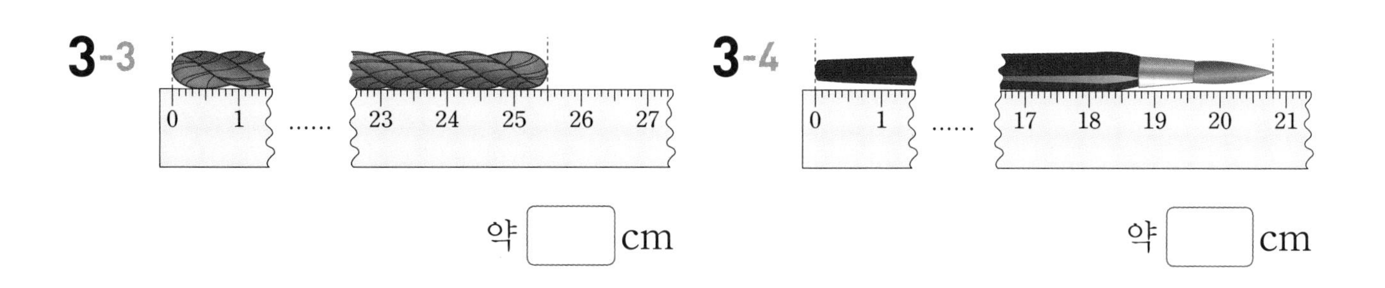

3-3 약 ☐ cm

3-4 약 ☐ cm

문장 읽고 문제 해결하기

4-1 528을 반올림하여 십의 자리까지 나타내면?

답 ____________

4-2 347을 반올림하여 백의 자리까지 나타내면?

답 ____________

4-3 0.639를 반올림하여 소수 첫째 자리까지 나타내면?

답 ____________

4-4 1.085를 반올림하여 소수 둘째 자리까지 나타내면?

답 ____________

누구나 100점 맞는 TEST

주어진 수의 범위에 알맞은 수를 모두 찾아 ○표 하세요.

1 36 이상인 수

16 46 62 39 27

2 57 이하인 수

59 25 75 67 15

3 40 초과인 수

24 40 45 54 14

4 81 미만인 수

80 91 87 88 8

주어진 수의 범위를 수직선에 나타내어 보세요.

5 81 이상 86 이하인 수

79 80 81 82 83 84 85 86 87

6 7 초과 11 미만인 수

6 7 8 9 10 11 12 13 14

7 45 이상 48 미만인 수

42 43 44 45 46 47 48 49 50

8 30 초과 34 이하인 수

28 29 30 31 32 33 34 35 36

▶정답 및 풀이 6쪽

제한 시간 15분

맞은 개수 / 16개

올림, 버림, 반올림하여 주어진 자리까지 나타내어 보세요.

⑨ 275(십의 자리)

올림	버림	반올림

⑩ 806(십의 자리)

올림	버림	반올림

⑪ 4073(백의 자리)

올림	버림	반올림

⑫ 5964(백의 자리)

올림	버림	반올림

⑬ 3180(천의 자리)

올림	버림	반올림

⑭ 7235(천의 자리)

올림	버림	반올림

⑮ 0.46(소수 첫째 자리)

올림	버림	반올림

⑯ 3.795(소수 둘째 자리)

올림	버림	반올림

제한 시간 안에 정확하게 모두 풀었다면
여러분은 진정한 **계산왕!**

특강 창의·융합·코딩

뽑은 수 카드의 수를 맞혀라!

영수는 1부터 9까지의 수 카드 중 한 장을 뽑았습니다. 영수가 뽑은 수 카드의 수를 구하세요.

3 이상인 수는 ________________ 이고,

3 초과인 수는 ________________ 입니다.

3 이상인 수이면서 3 초과인 수가 아닌 수는 ☐ 뿐입니다.

답 ________________

▶ 정답 및 풀이 7쪽

사야 하는 끈의 길이는?

창의 2 문구점에서 경호( ), 지희( ), 연수( )가 사야 할 끈은 최소 몇 m인지 알아보세요.

사야 하는 끈의 길이를 어림하여 구합니다.

	경호	지희	연수
필요한 끈의 길이(cm)	615	492	837
사야 하는 끈의 길이(m)			

특강 창의·융합·코딩

융합 3 어느 날 독도의 예상 강수량입니다. 독도의 예상 강수량이 나타내는 수의 범위를 수직선에 나타내어 보세요.

▲ 독도

독도의 예상 강수량은
30 mm 이상 38 mm 미만입니다.

27 28 29 30 31 32 33 34 35 36 37 38 39(mm)

융합 4 윗접시 저울이 다음과 같을 때 오른쪽 접시에 올라갈 수 있는 물건의 무게를 알아보려고 합니다. 이상, 이하, 초과, 미만 중 ▢ 안에 알맞은 말을 써넣어 ★에 알맞은 수의 범위를 알아보세요.

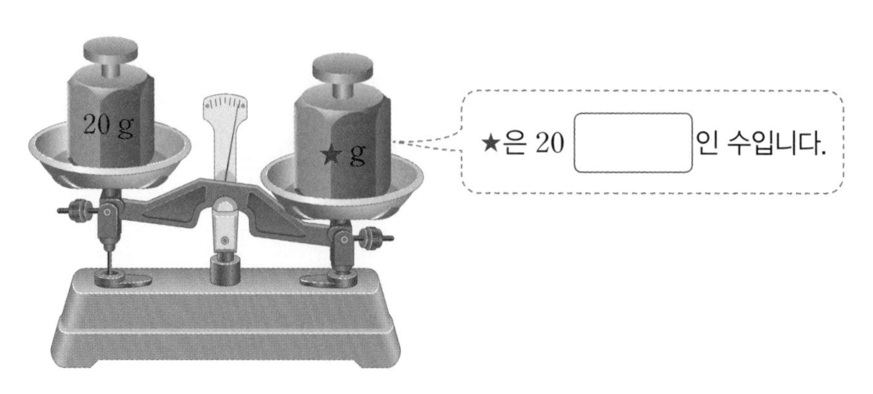

▶정답 및 풀이 7쪽

창의 5 한 변의 길이가 18 cm인 정사각형 모양의 색종이 2장을 겹치지 않게 이어 붙여 만든 직사각형의 둘레는 몇 cm인지 반올림하여 십의 자리까지 나타내어 보세요.

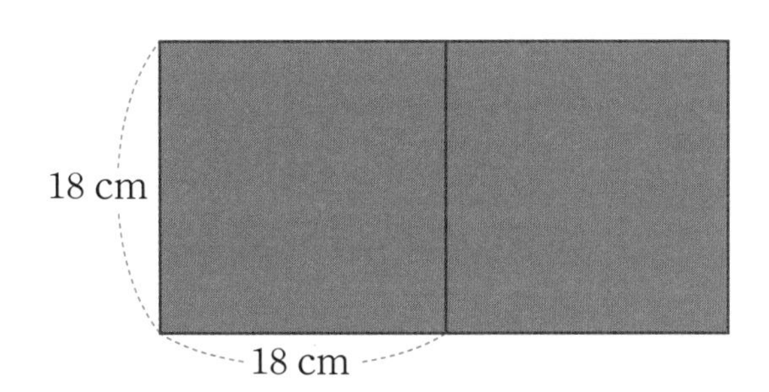

답 ________________ cm

어느 날 은행에서 1달러를 1150원으로 바꾸어 준다고 할 때 90달러를 1000원짜리로 바꾸면 최대 얼마까지 바꿀 수 있을까요?

▲ 1달러
(ⓒ Garsya/shutterstock)

답 ________________ 원

창의·융합·코딩

우리나라 2019년 지역별 인구를 반올림하여 만의 자리까지 나타내어 표를 완성하세요.

2019년 지역별 인구

2019년 지역별 인구

지역	인구(명)	지역	인구(명)
서울	973만	강원	154만
부산	341만	충북	
대구	244만	충남	212만
인천		전북	182만
광주	146만	전남	187만
대전	147만	경북	
울산		경남	336만
세종	34만	제주	
경기			

▶정답 및 풀이 7쪽

규칙에 따라 입력값을 어림한 수를 출력값에 써넣으세요.

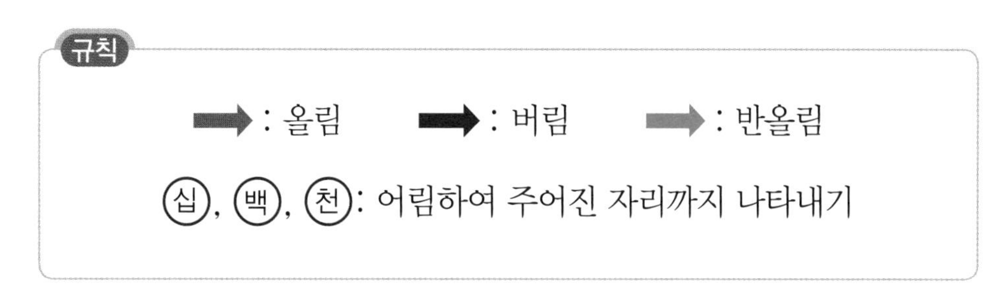

코딩 8

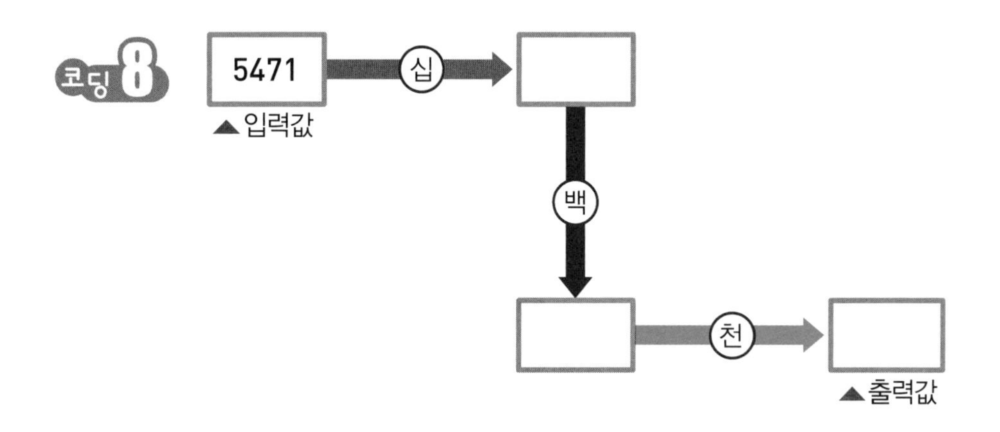

코딩 9

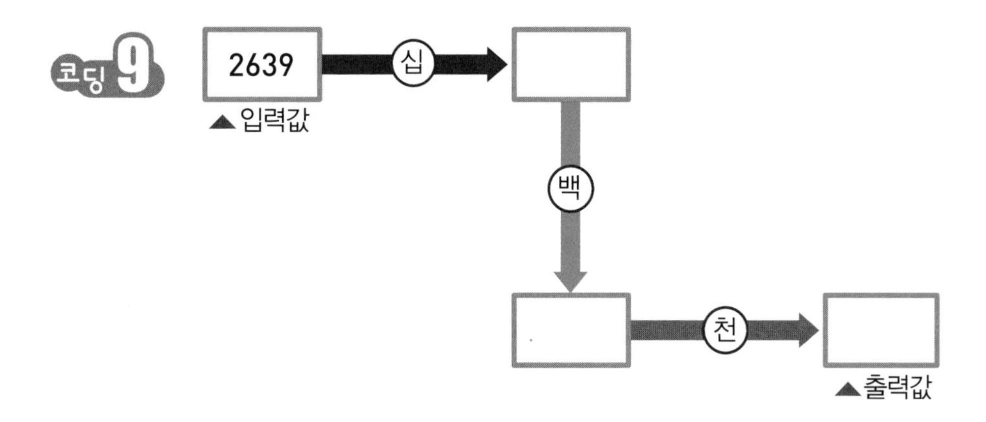

2
주

분수의 곱셈

오늘도 열심히 수련 중이구나.
너희들이 알아야 할 것이 있다.
전설의 수학비급을 주시는 건가요?
그건…… 내가 가지고 있지 않다.
돌아가자.
역시 엉터리 도사였어.
전설의 수학비급은 내가 요괴의 섬에 숨겨놨다.
그 곳은 아주 무시무시한 곳이란다. 너희들 실력으로 갔다간 큰일 나!
저희가 어떻게 하면 될까요?
곧 있을 전국 무술대회에서 훌륭한 결과가 나오면 수학비급이 있는 곳을 알 수 있는 지도를 주마.
전국 무술대회

오~. 무술대회에 참가해? 내가 너희를 위해 파워 드링킹을 만들어 줄게.
No~
또 무슨 못 먹는 것을 만들려고…….

허허허~ 핑크의 파워 드링킹은 힘과 지구력이 강해지는 드링킹이란다.
정말요?

대신 이 책에 적혀 있는 재료를 구해 와야 해!
전설의 파워 드링킹
Power

2주에 배울 내용을 알아볼까요? 

- 1일 (분수)×(자연수)
- 2일 (자연수)×(분수)
- 3일 진분수의 곱셈
- 4일 대분수의 곱셈
- 5일 세 분수의 곱셈

파워 버섯이 모두 몇 컵 들어가는 거지?
파워 버섯을 $\frac{3}{4}$컵씩 6번을 파워 드링킹 통에 넣고 흔드세요.
이건 분수와 자연수의 곱셈이네!

분모와 자연수를 약분하여 계산하고 계산 결과가 가분수이면 대분수로 바꿔서 나타내.

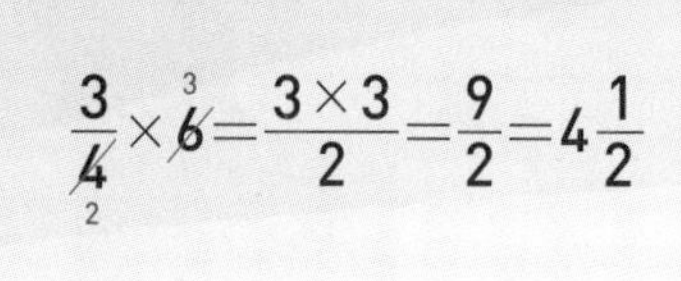

$$\frac{3}{\cancel{4}_{2}}\times\cancel{6}^{3}=\frac{3\times3}{2}=\frac{9}{2}=4\frac{1}{2}$$

그럼 파워 버섯은 $4\frac{1}{2}$컵이 들어가는 거야.

파워 버섯은 산꼭대기에서만 나오는 버섯이야. 5개 구해오면 돼!
좋아! 산 정상쯤이야!

잠시 후
헉헉…… 해나야, 우리 얼마큼 더 가야 할까?
(4×5/6)

$\left(4\times\frac{5}{6}\right)$ m만큼 더 가면 된대.
(자연수)×(분수)의 계산이네.
(4×5/6)m 만큼 더 가시오.

마찬가지로 자연수와 분모를 약분하여 계산할 수 있어.

$$\cancel{4}^{2}\times\frac{5}{\cancel{6}_{3}}=\frac{2\times5}{3}=\frac{10}{3}=3\frac{1}{3}$$

$3\frac{1}{3}$ m만큼 더 가야 해.

와~! 드디어 정상이 눈앞에!!
축! 정상

무슨 버섯이 이렇게 커!!
5개는 커녕 1개도 못 들고 가겠다.
뜨악~!

2주에 배울 내용을 알아볼까요? 

5-1 약분과 통분

나는 전체의 $\frac{8}{12}$만큼 있는데
너는 겨우 전체의 $\frac{2}{3}$만큼이야?
$\frac{8}{12}$을 기약분수로
나타내면 $\frac{2}{3}$잖아~!

분모와 분자의 공약수가 1뿐인 분수를 기약분수라고 해요.

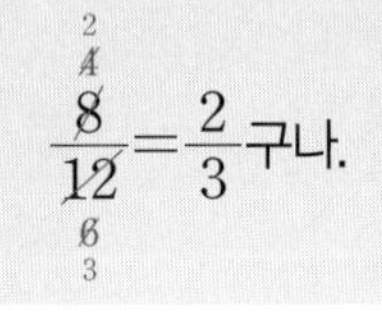

기약분수로 나타내어 보세요.

1-1 $\frac{7}{28}$ ⇨ ☐

1-2 $\frac{20}{32}$ ⇨ ☐

1-3 $\frac{27}{45}$ ⇨ ☐

1-4 $\frac{24}{36}$ ⇨ ☐

5-1 분수의 덧셈과 뺄셈

주스 $\frac{2}{3}$ L와 우유 $\frac{1}{2}$ L를 더하면 모두 $1\frac{1}{6}$ L가 되는구나.
으아악~~~ 그렇게 섞으면 마실 수가 없잖아~!!!

분모가 다른 분수의 덧셈은 분수를 통분한 후 계산해요.

$$\frac{2}{3}+\frac{1}{2}=\frac{4}{6}+\frac{3}{6}=\frac{7}{6}=1\frac{1}{6}$$

2주 1일

계산을 하여 기약분수로 나타내어 보세요.

2-1 $\frac{7}{8}+\frac{5}{6}$

2-2 $2\frac{1}{4}+1\frac{1}{7}$

2-3 $3\frac{8}{9}+5\frac{7}{12}$

2-4 $\frac{4}{5}-\frac{3}{8}$

2-5 $1\frac{5}{9}-\frac{1}{6}$

2-6 $3\frac{1}{10}-2\frac{1}{4}$

(분수)×(자연수) ①

무술대회는 단체로 참가하는 것이라 핑크도 가게 되었어.
무술은 못해도 요리로 체력을 길러 줄테니 걱정 마.
왠지 믿음이 안 가.

무술대회의 첫 경기는 산 속에 숨겨 놓은 깃발을 찾아 오는 것입니다.

한 팀에서 $\frac{3}{8}$ L씩 담긴 음료 6컵을 마시고 바로 출발하면 됩니다.

몇 L를 마셔야 하는 거야?

$$\frac{3}{\cancel{8}_4}\times\cancel{6}^3=\frac{3\times3}{4}=\frac{9}{4}=2\frac{1}{4}$$

분모와 자연수를 약분하여 계산하면 돼.
$2\frac{1}{4}$ L를 마셔야 해.

으아악~!!
이거 너무 써!!
나를 믿어 봐!

으악~ 도저히 못 마시겠다!!
너만 믿으라면서!!
푸웁

똑똑한 하루 계산법

• (진분수)×(자연수)

예 $\frac{3}{8}\times6$의 계산

방법 1 분수의 곱셈을 다 한 이후에 약분하여 계산

분자와 자연수를 곱해요. 가분수를 대분수로 바꿔요.

$$\frac{3}{8}\times6=\frac{3\times6}{8}=\frac{\cancel{18}^9}{\cancel{8}_4}=\frac{9}{4}=2\frac{1}{4}$$

방법 2 분수의 곱셈을 하는 과정에서 약분하여 계산

$$\frac{3}{\cancel{8}_4}\times\cancel{6}^3=\frac{3\times3}{4}=\frac{9}{4}=2\frac{1}{4}$$

OX 퀴즈

계산이 옳으면 ○에, 틀리면 ✕에 ○표 하세요.

$$\frac{1}{4}\times3=\frac{1\times3}{4}=\frac{3}{4}$$

정답 ○에 ○표

똑똑한 계산 연습

▶정답 및 풀이 8쪽

제한 시간 5분

 계산을 하여 기약분수로 나타내어 보세요.

❶ $\frac{2}{9}\times 4=\frac{2\times\square}{9}=\frac{\square}{9}$

❷ $\frac{3}{11}\times 3=\frac{3\times\square}{11}=\frac{\square}{11}$

❸ $\frac{7}{\cancel{8}_{4}}\times \cancel{6}^{\square}=\frac{7\times\square}{4}=\frac{\square}{4}=\square\frac{\square}{\square}$

❹ $\frac{3}{10}\times 3$

❺ $\frac{5}{9}\times 4$

❻ $\frac{3}{4}\times 6$

❼ $\frac{9}{16}\times 20$

❽ $\frac{8}{15}\times 9$

❾ $\frac{7}{18}\times 9$

❿ $\frac{5}{14}\times 21$

⓫ $\frac{8}{15}\times 25$

2주 1일

(분수)×(자연수) ②

똑똑한 하루 계산법

• (대분수)×(자연수)

예 $1\frac{2}{9}\times 3$의 계산

방법 1 대분수를 가분수로 나타내어 계산

$$1\frac{2}{9}\times 3=\frac{11}{\cancel{9}_{3}}\times \cancel{3}^{1}=\frac{11\times 1}{3}=\frac{11}{3}=3\frac{2}{3}$$

대분수를 가분수로 나타내요.

방법 2 대분수를 자연수 부분과 분수 부분으로 구분하여 계산

$$1\frac{2}{9}\times 3=(1\times 3)+\left(\frac{2}{\cancel{9}_{3}}\times \cancel{3}^{1}\right)=3+\frac{2}{3}=3\frac{2}{3}$$

▶정답 및 풀이 8쪽

제한 시간 5분

계산을 하여 기약분수로 나타내어 보세요.

① $1\frac{1}{4}\times3=\frac{\square}{4}\times3=\frac{\square\times3}{4}=\frac{\square}{4}=\square\frac{\square}{4}$

② $1\frac{5}{6}\times9=\frac{\square}{\cancel{6}_{2}}\times\cancel{9}^{\square}=\frac{\square\times\square}{2}=\frac{\square}{2}=\square\frac{\square}{\square}$

③ $2\frac{1}{4}\times5$

④ $3\frac{3}{5}\times2$

⑤ $1\frac{1}{6}\times12$

⑥ $2\frac{3}{7}\times14$

⑦ $2\frac{2}{9}\times6$

⑧ $1\frac{7}{20}\times8$

⑨ $1\frac{7}{15}\times10$

⑩ $2\frac{3}{10}\times4$

기초 집중 연습

빈칸에 알맞은 기약분수를 써넣으세요.

1-1 $\frac{4}{7}$ | $\times 15$ | ☐

1-2 $\frac{7}{20}$ | $\times 30$ | ☐

1-3 $\frac{5}{21}$ | $\times 14$ | ☐

1-4 $1\frac{2}{7}$ | $\times 5$ | ☐

1-5 $2\frac{1}{8}$ | $\times 6$ | ☐

1-6 $3\frac{1}{6}$ | $\times 9$ | ☐

관계있는 것끼리 선으로 이어 보세요.

2-1

$1\frac{1}{9}\times 3$ •

$\frac{8}{21}\times 14$ •

• $1\frac{1}{3}$

• $3\frac{1}{3}$

• $5\frac{1}{3}$

2-2

$\frac{9}{16}\times 8$ •

$1\frac{1}{14}\times 7$ •

• $7\frac{1}{2}$

• $5\frac{1}{2}$

• $4\frac{1}{2}$

제한 시간 10분

생활 속 계산

각 교통수단이 일정한 빠르기로 1분 동안 갈 수 있는 거리를 나타낸 것입니다. 교통수단이 주어진 시간 동안 갈 수 있는 거리를 기약분수로 나타내어 보세요.

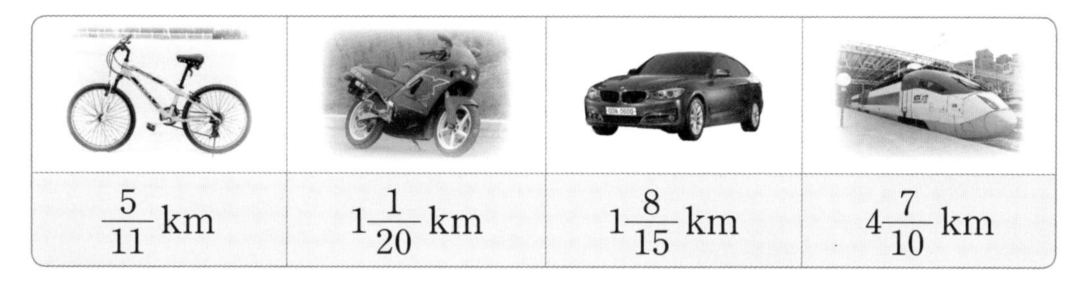

자전거	오토바이	자동차	기차
$\frac{5}{11}$ km	$1\frac{1}{20}$ km	$1\frac{8}{15}$ km	$4\frac{7}{10}$ km

3-1 5분

$\frac{5}{11} \times 5 = \square$ (km)

3-2 8분

$1\frac{1}{20} \times \square = \square$ (km)

3-3 9분

$1\frac{8}{15} \times \square = \square$ (km)

3-4 15분

$4\frac{7}{10} \times \square = \square$ (km)

문장 읽고 계산식 세우기

4-1 수돗물을 1분에 $\frac{17}{25}$ L씩 일정한 빠르기로 10분 동안 받았다면 받은 수돗물은 몇 L인지 기약분수로 나타내면?

식 $\frac{17}{25} \times \square = \square$ (L)

4-2 수돗물을 1분에 $2\frac{1}{12}$ L씩 일정한 빠르기로 15분 동안 받았다면 받은 수돗물은 몇 L인지 기약분수로 나타내면?

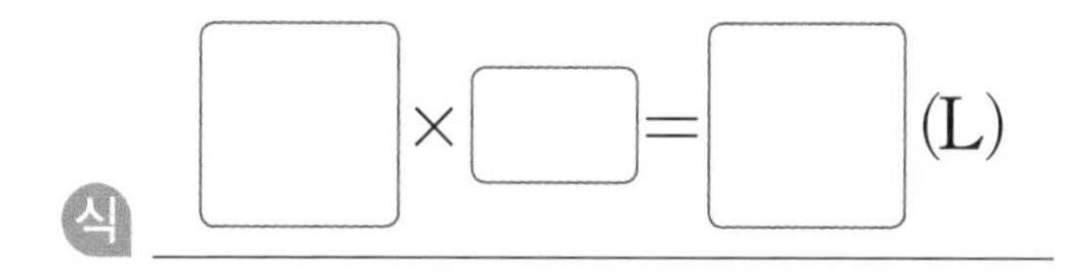

식 $\square \times \square = \square$ (L)

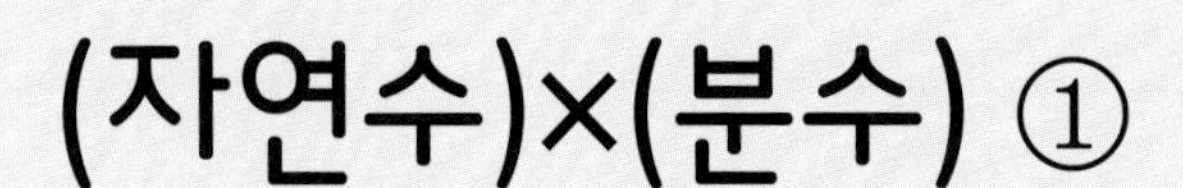

2일 (자연수)×(분수) ①

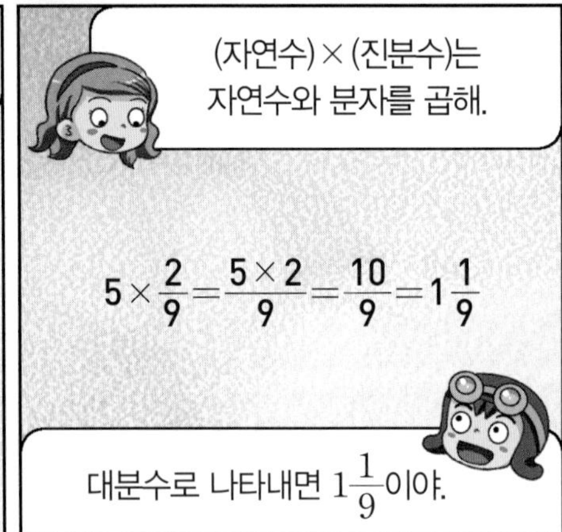

똑똑한 하루 계산법

• **자연수가 분모의 배수인 (자연수)×(진분수)**

예 $6\times\frac{2}{3}$의 계산

$$\overset{2}{\cancel{6}}\times\frac{2}{\underset{1}{\cancel{3}}}=4$$

→ 자연수와 분모를 약분해요.

• **자연수가 분모의 배수가 아닌 (자연수)×(진분수)**

예 $5\times\frac{2}{9}$의 계산

→ 자연수와 분자를 곱해요.

$$5\times\frac{2}{9}=\frac{5\times2}{9}=\frac{10}{9}=1\frac{1}{9}$$

OX 퀴즈

계산이 옳으면 ○에, 틀리면 ✕에 ○표 하세요.

$$3\times\frac{2}{7}=\frac{2}{3\times7}=\frac{2}{21}$$

정답 ✕에 ○표

똑똑한 계산 연습

▶정답 및 풀이 9쪽

제한 시간 5분

계산을 하여 기약분수로 나타내어 보세요.

❶ $8\times\frac{3}{4}=\frac{\overset{2}{\cancel{8}}\times\square}{\underset{1}{\cancel{4}}}=\square$

❷ $\overset{\square}{\cancel{14}}\times\frac{5}{\underset{1}{\cancel{7}}}=\square$

❸ $5\times\frac{5}{8}=\frac{\square}{8}=\square\frac{\square}{\square}$

❹ $\overset{\square}{\cancel{8}}\times\frac{7}{\underset{3}{\cancel{12}}}=\frac{\square}{3}=\square\frac{\square}{\square}$

❺ $20\times\frac{4}{5}$

❻ $18\times\frac{7}{9}$

❼ $12\times\frac{5}{6}$

❽ $22\times\frac{9}{11}$

❾ $35\times\frac{9}{14}$

❿ $12\times\frac{5}{8}$

⓫ $24\times\frac{11}{18}$

⓬ $10\times\frac{5}{12}$

(자연수)×(분수) ②

똑똑한 하루 계산법

• (자연수) × (대분수)

예 $2\times1\frac{1}{4}$의 계산

방법 1 대분수를 가분수로 나타내어 계산

$$2\times1\frac{1}{4}=\overset{1}{\cancel{2}}\times\frac{5}{\underset{2}{\cancel{4}}}=\frac{1\times5}{2}=\frac{5}{2}=2\frac{1}{2}$$

대분수를 가분수로 나타내요.

방법 2 대분수를 자연수 부분과 분수 부분으로 구분하여 계산

$$2\times1\frac{1}{4}=(2\times1)+\left(\overset{1}{\cancel{2}}\times\frac{1}{\underset{2}{\cancel{4}}}\right)=2+\frac{1}{2}=2\frac{1}{2}$$

▶정답 및 풀이 9쪽

제한 시간 5분

계산을 하여 기약분수로 나타내어 보세요.

❶ $4\times1\frac{2}{3}=4\times\frac{\square}{3}=\frac{4\times\square}{3}=\frac{\square}{3}=\square\frac{\square}{3}$

❷ $6\times1\frac{1}{8}=\overset{3}{\cancel{6}}\times\frac{\square}{\underset{4}{\cancel{8}}}=\frac{3\times\square}{4}=\frac{\square}{4}=\square\frac{\square}{\square}$

대분수를 가분수로 나타낸 후 약분하여 계산해요.

❸ $6\times2\frac{1}{9}=\overset{2}{\cancel{6}}\times\frac{\square}{\underset{3}{\cancel{9}}}=\frac{2\times\square}{3}=\frac{\square}{3}=\square\frac{\square}{\square}$

❹ $3\times2\frac{1}{5}$

❺ $6\times1\frac{5}{7}$

❻ $12\times4\frac{1}{3}$

❼ $8\times2\frac{1}{4}$

❽ $12\times3\frac{1}{8}$

❾ $7\times2\frac{1}{14}$

2일 기초 집중 연습

보기 와 같은 방법으로 계산해 보세요.

보기

$$6\times1\frac{1}{24}=\overset{1}{\cancel{6}}\times\frac{25}{\underset{4}{\cancel{24}}}=\frac{25}{4}=6\frac{1}{4}$$

1-1 $8\times1\frac{5}{6}$

1-2 $12\times1\frac{3}{16}$

1-3 $10\times2\frac{5}{12}$

1-4 $15\times1\frac{3}{10}$

빈칸에 알맞은 기약분수를 써넣으세요.

2-1

2-2

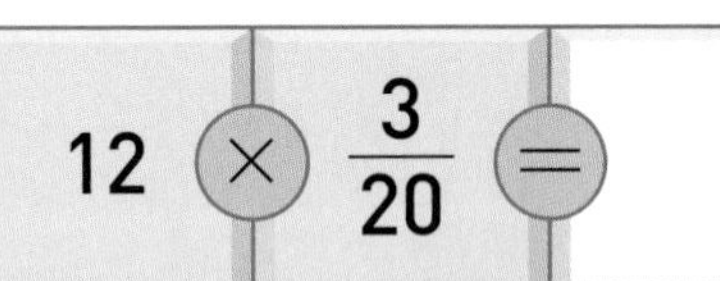

2-3 $5\times1\frac{4}{25}=$ ☐

2-4 $12\times2\frac{3}{4}=$ ☐

제한 시간 10분

생활 속 계산

오른쪽 사람의 몸무게는 몇 kg인지 기약분수로 나타내어 보세요.

3-1

$\frac{7}{9}$배

$42 \times \frac{7}{9} = \square$ (kg)

3-2

$\frac{7}{12}$배

$36 \times \square = \square$ (kg)

3-3

$2\frac{1}{4}$배

$30 \times \square = \square$ (kg)

3-4

$2\frac{1}{6}$배

$27 \times \square = \square$ (kg)

문장 읽고 계산식 세우기

4-1 윤수는 4 m인 끈의 $\frac{5}{6}$만큼 사용했다면 사용한 끈은 몇 m인지 기약분수로 나타내면?

$4 \times \square = \square$ (m)

식 ______________________

4-2 정우는 6 m인 끈의 $2\frac{3}{8}$배만큼 샀다면 정우가 산 끈은 몇 m인지 기약분수로 나타내면?

$6 \times \square = \square$ (m)

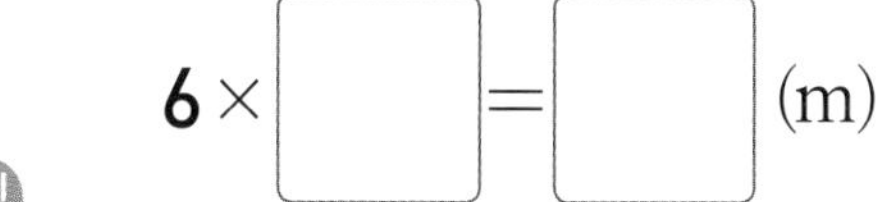

식 ______________________

3일 진분수의 곱셈 ①

똑똑한 하루 계산법

• (단위분수)×(단위분수)

예 $\frac{1}{3}\times\frac{1}{5}$의 계산

$$\frac{1}{3}\times\frac{1}{5}=\frac{1}{3\times5}=\frac{1}{15}$$

(단위분수)×(단위분수)의 분자는 그대로 1로 두고 분모끼리 곱해요.

• (진분수)×(단위분수)

예 $\frac{3}{4}\times\frac{1}{5}$의 계산

$$\frac{3}{4}\times\frac{1}{5}=\frac{3\times1}{4\times5}=\frac{3}{20}$$

(진분수)×(단위분수)의 분자는 분자끼리, 분모는 분모끼리 곱해요.

똑똑한 계산 연습

▶정답 및 풀이 10쪽

제한 시간 5분

계산을 하여 기약분수로 나타내어 보세요.

❶ $\frac{1}{4} \times \frac{1}{3} = \frac{1}{4 \times \square} = \frac{1}{\square}$

❷ $\frac{1}{2} \times \frac{1}{7} = \frac{1}{\square \times 7} = \frac{1}{\square}$

❸ $\frac{3}{7} \times \frac{1}{5} = \frac{\square \times 1}{7 \times \square} = \frac{\square}{\square}$

❹ $\frac{\overset{1}{\cancel{5}}}{6} \times \frac{1}{\underset{2}{\cancel{10}}} = \frac{\square \times 1}{6 \times \square} = \frac{\square}{\square}$

❺ $\frac{1}{5} \times \frac{1}{8}$

❻ $\frac{1}{7} \times \frac{1}{9}$

❼ $\frac{4}{9} \times \frac{1}{8}$

❽ $\frac{7}{12} \times \frac{1}{14}$

❾ $\frac{8}{15} \times \frac{1}{4}$

❿ $\frac{1}{6} \times \frac{9}{11}$

⓫ $\frac{1}{10} \times \frac{4}{7}$

⓬ $\frac{1}{21} \times \frac{14}{15}$

진분수의 곱셈 ②

어리석은 녀석들~.
내가 없으면 아무것도
못 하는구나!
도사님!!

다들 무기를 받았는데 우리는
음식을 먹어버렸어요~.
이제 어떡하죠?

자, 무기가 든
봉인된
캡슐이다.
툭
5/6 × 3/4

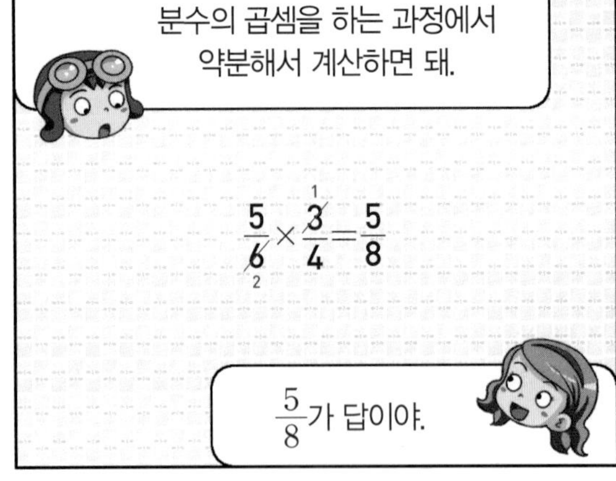
분수의 곱셈을 하는 과정에서
약분해서 계산하면 돼.
5/6 × 3/4 = 5/8
5/8가 답이야.

펑!
냄비와
프라이팬이
나왔는데요…….
나한테 주는
선물인가?
앗! 실수!!

똑똑한 하루 계산법

• (진분수) × (진분수)

예 $\frac{5}{6}\times\frac{3}{4}$의 계산

방법 1 분수의 곱셈을 다 한 이후에 약분하여 계산

$$\frac{5}{6}\times\frac{3}{4}=\frac{5\times3}{6\times4}=\frac{\cancel{15}^{5}}{\cancel{24}_{8}}=\frac{5}{8}$$

분자는 분자끼리, 분모는 분모끼리 곱해요.

방법 2 분수의 곱셈을 하는 과정에서 약분하여 계산

$$\frac{5}{\cancel{6}_{2}}\times\frac{\cancel{3}^{1}}{4}=\frac{5}{8}$$

○✕ 퀴즈

계산이 옳으면 ○에,
틀리면 ✕에 ○표 하세요.

$$\frac{\cancel{4}^{1}}{5}\times\frac{3}{\cancel{8}_{2}}=\frac{1\times3}{5\times2}=\frac{3}{10}$$

정답 ○에 ○표

똑똑한 계산 연습

제한 시간 5분

계산을 하여 기약분수로 나타내어 보세요.

❶ $\frac{3}{5} \times \frac{4}{7} = \frac{\square \times 4}{5 \times \square} = \frac{\square}{\square}$

❷ $\frac{5}{6} \times \frac{2}{3} = \frac{\square \times \overset{1}{\cancel{2}}}{\underset{3}{\cancel{6}} \times \square} = \frac{\square}{\square}$

❸ $\frac{5}{\underset{2}{\cancel{8}}} \times \frac{\overset{\square}{\cancel{4}}}{9} = \frac{\square}{\square}$

❹ $\frac{5}{\underset{3}{\cancel{6}}} \times \frac{\overset{\square}{\cancel{8}}}{9} = \frac{\square}{\square}$

❺ $\frac{6}{7} \times \frac{3}{10}$

❻ $\frac{5}{12} \times \frac{7}{15}$

❼ $\frac{6}{25} \times \frac{5}{16}$

❽ $\frac{8}{11} \times \frac{3}{10}$

❾ $\frac{5}{6} \times \frac{9}{11}$

❿ $\frac{5}{12} \times \frac{24}{25}$

⓫ $\frac{14}{39} \times \frac{13}{21}$

⓬ $\frac{27}{34} \times \frac{17}{36}$

3일 기초 집중 연습

관계있는 것끼리 선으로 이어 보세요.

1-1

$\frac{4}{15} \times \frac{3}{16}$ ·

$\frac{7}{12} \times \frac{18}{35}$ ·

· $\frac{3}{10}$

· $\frac{3}{20}$

· $\frac{1}{20}$

1-2

$\frac{5}{7} \times \frac{3}{10}$ ·

$\frac{11}{15} \times \frac{10}{77}$ ·

· $\frac{3}{14}$

· $\frac{2}{21}$

· $\frac{5}{21}$

빈칸에 알맞은 기약분수를 써넣으세요.

2-1 $\frac{1}{3}$ → $\times \frac{1}{8}$ → □

2-2 $\frac{1}{5}$ → $\times \frac{1}{11}$ → □

2-3 $\frac{10}{13}$ → $\times \frac{1}{8}$ → □

2-4 $\frac{1}{7}$ → $\times \frac{14}{15}$ → □

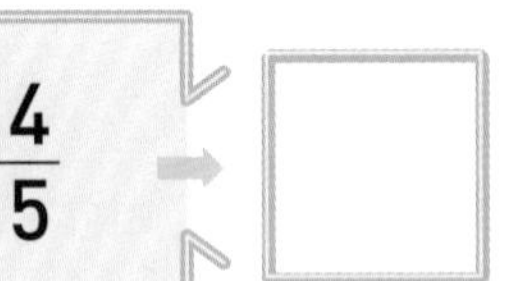

2-5 $\frac{20}{21}$ → $\times \frac{8}{15}$ → □

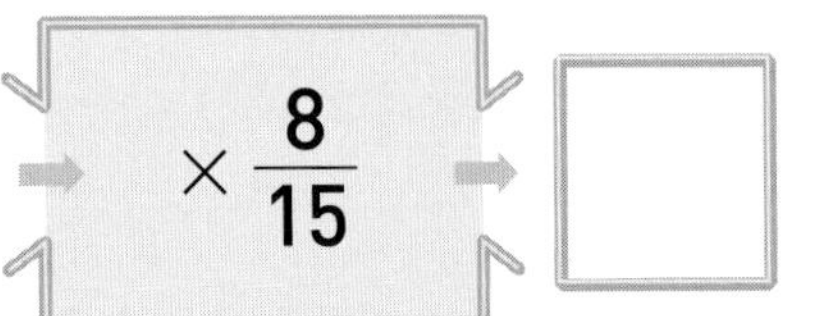

2-6 $\frac{9}{16}$ → $\times \frac{20}{27}$ → □

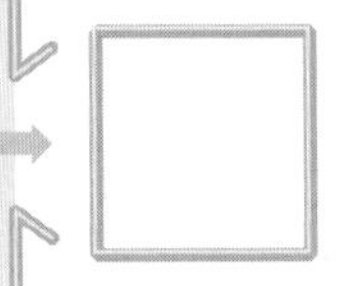

제한 시간 10분

생활 속 계산

주어진 리본 끈을 사용하여 고리를 만들었을 때 사용한 리본 끈의 길이를 기약분수로 나타내어 보세요.

3-1

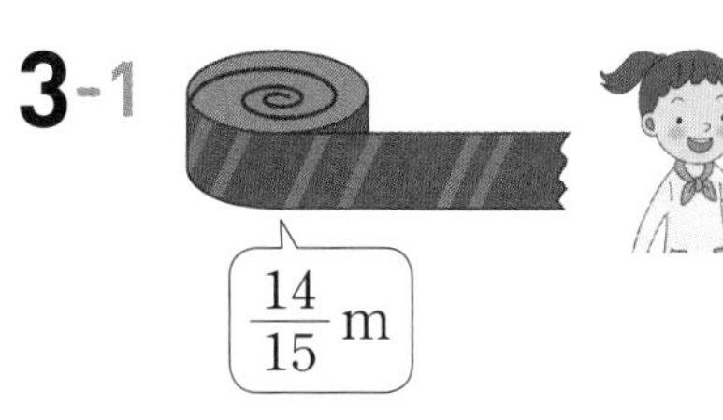

전체의 $\frac{3}{4}$만큼 사용했어요.

$$\frac{14}{15} \times \frac{3}{4} = \square \text{(m)}$$

3-2

$$\frac{15}{16} \times \square = \square \text{(m)}$$

3-3

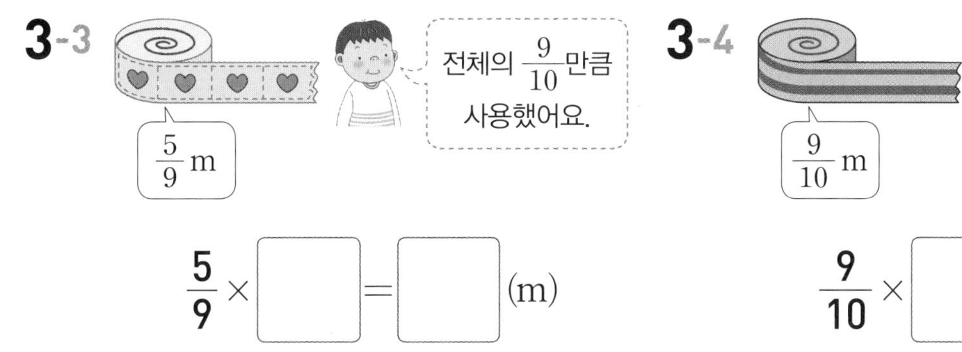

$\frac{5}{9}$ m

전체의 $\frac{9}{10}$만큼 사용했어요.

$$\frac{5}{9} \times \square = \square \text{(m)}$$

3-4

$\frac{9}{10}$ m

전체의 $\frac{5}{6}$만큼 사용했어요.

$$\frac{9}{10} \times \square = \square \text{(m)}$$

문장 읽고 계산식 세우기

4-1 쌀 $\frac{4}{7}$ kg 중에서 $\frac{1}{2}$만큼을 밥을 짓는 데 사용했다면 사용한 쌀은 몇 kg인지 기약분수로 나타내면?

$$\frac{4}{7} \times \square = \square \text{(kg)}$$

식 ______________________

4-2 길이가 $\frac{5}{18}$ m인 끈의 $\frac{8}{15}$만큼을 사용하였다면 사용한 끈은 몇 m인지 기약분수로 나타내면?

$$\frac{5}{18} \times \square = \square \text{(m)}$$

식 ______________________

대분수의 곱셈 ①

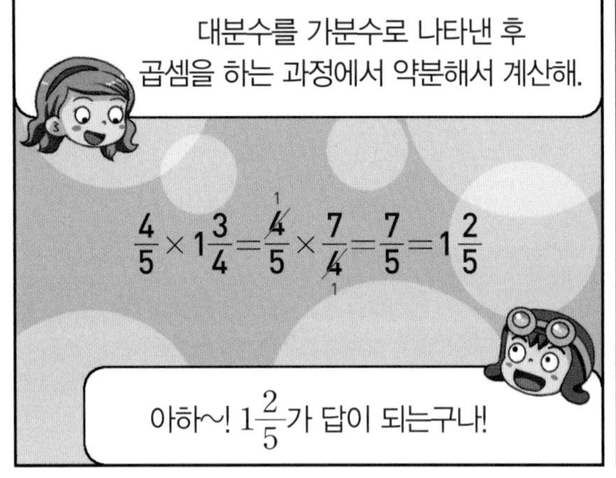

똑똑한 하루 계산법

• (진분수)×(대분수)

예 $\frac{4}{5}\times1\frac{3}{4}$의 계산

방법 1 대분수를 가분수로 나타낸 후 분자는 분자끼리, 분모는 분모끼리 계산

$$\frac{4}{5}\times1\frac{3}{4}=\frac{4}{5}\times\frac{7}{4}=\frac{\cancel{4}^{1}\times7}{5\times\cancel{4}_{1}}=\frac{7}{5}=1\frac{2}{5}$$

대분수는 가분수로 나타내요. / 분자는 분자끼리, 분모는 분모끼리 곱해요.

방법 2 대분수를 가분수로 나타낸 후 분수의 곱셈을 하는 과정에서 약분하여 계산

$$\frac{4}{5}\times1\frac{3}{4}=\frac{\cancel{4}^{1}}{5}\times\frac{7}{\cancel{4}_{1}}=\frac{7}{5}=1\frac{2}{5}$$

똑똑한 계산 연습

▶정답 및 풀이 11쪽

제한 시간 5분

계산을 하여 기약분수로 나타내어 보세요.

❶ $\frac{6}{7} \times 2\frac{1}{4} = \frac{6}{7} \times \frac{\square}{4} = \frac{\overset{\square}{\cancel{6}} \times \square}{7 \times \underset{2}{\cancel{4}}} = \frac{\square}{14} = \square\frac{\square}{14}$

❷ $1\frac{5}{6} \times \frac{8}{9} = \frac{\square}{\underset{3}{\cancel{6}}} \times \frac{\overset{\square}{\cancel{8}}}{9} = \frac{\square}{27} = \square\frac{\square}{\square}$

❸ $\frac{5}{8} \times 2\frac{2}{7}$

❹ $\frac{4}{15} \times 2\frac{7}{9}$

❺ $\frac{9}{20} \times 1\frac{1}{6}$

❻ $\frac{3}{4} \times 3\frac{1}{5}$

❼ $4\frac{2}{3} \times \frac{3}{7}$

❽ $6\frac{4}{5} \times \frac{10}{17}$

❾ $2\frac{5}{8} \times \frac{5}{14}$

❿ $3\frac{3}{7} \times \frac{5}{8}$

2주 4일

대분수의 곱셈 ②

똑똑한 하루 계산법

• **(대분수)×(대분수)**

예 $2\frac{2}{3}\times1\frac{1}{4}$의 계산

방법 1 대분수를 가분수로 나타내어서 계산

$$2\frac{2}{3}\times1\frac{1}{4}=\frac{\overset{2}{\cancel{8}}}{3}\times\frac{5}{\underset{1}{\cancel{4}}}=\frac{10}{3}=3\frac{1}{3}$$

방법 2 자연수 부분과 진분수 부분으로 구분하여 계산

$$2\frac{2}{3}\times1\frac{1}{4}=\left(2\frac{2}{3}\times1\right)+\left(2\frac{2}{3}\times\frac{1}{4}\right)$$

$$=2\frac{2}{3}+\left(\frac{\overset{2}{\cancel{8}}}{3}\times\frac{1}{\underset{1}{\cancel{4}}}\right)=2\frac{2}{3}+\frac{2}{3}=3\frac{1}{3}$$

똑똑한 계산 연습

▶정답 및 풀이 11쪽

제한 시간 5분

계산을 하여 기약분수로 나타내어 보세요.

❶ $1\frac{1}{4} \times 1\frac{2}{7} = \frac{\square}{4} \times \frac{\square}{7} = \frac{\square}{28} = \square\frac{\square}{28}$

❷ $2\frac{4}{9} \times 2\frac{2}{5} = \frac{\square}{\cancel{9}_{3}} \times \frac{\cancel{12}^{4}}{\square} = \frac{\square}{15} = \square\frac{\square}{\square}$

❸ $2\frac{1}{2} \times 1\frac{3}{4}$

❹ $3\frac{2}{5} \times 3\frac{1}{3}$

❺ $6\frac{2}{5} \times 3\frac{1}{8}$

❻ $3\frac{5}{7} \times 1\frac{1}{13}$

❼ $1\frac{3}{4} \times 2\frac{1}{3}$

❽ $1\frac{4}{15} \times 4\frac{2}{7}$

❾ $2\frac{5}{8} \times 2\frac{2}{7}$

❿ $3\frac{1}{7} \times 2\frac{5}{8}$

기초 집중 연습

빈칸에 알맞은 기약분수를 써넣으세요.

1-1

$2\frac{5}{8}$	$\times\frac{6}{7}$	

1-2

$\frac{3}{10}$	$\times 6\frac{3}{7}$	

1-3

$5\frac{5}{11}$	$\times 1\frac{3}{8}$	

1-4

$3\frac{1}{8}$	$\times 2\frac{2}{15}$	

빈칸에 두 분수의 곱을 기약분수로 써넣으세요.

2-1

$5\frac{1}{3}$	$\frac{5}{8}$

2-2

$\frac{3}{5}$	$2\frac{1}{12}$

2-3

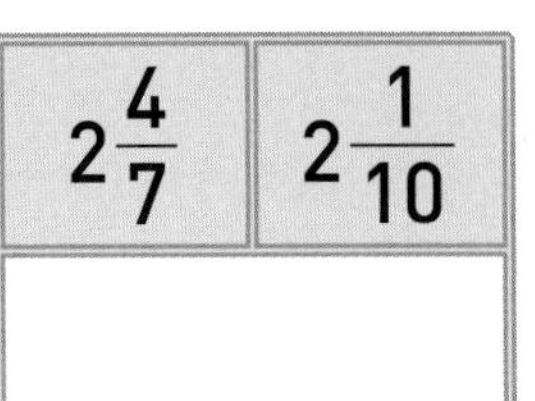

$2\frac{4}{7}$	$2\frac{1}{10}$

2-4

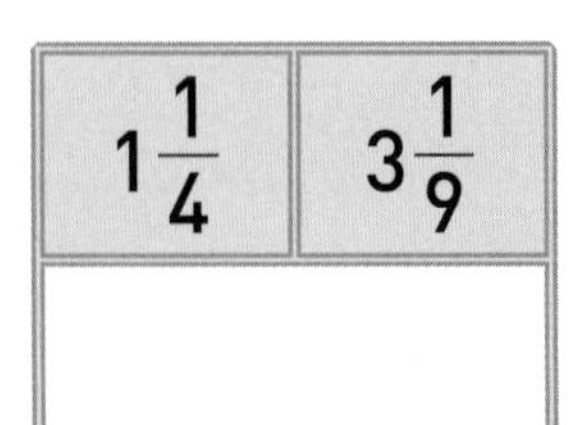

$1\frac{1}{4}$	$3\frac{1}{9}$

제한 시간 10분

생활 속 계산

잔디밭의 넓이는 몇 m^2인지 기약분수로 나타내어 보세요.

3-1

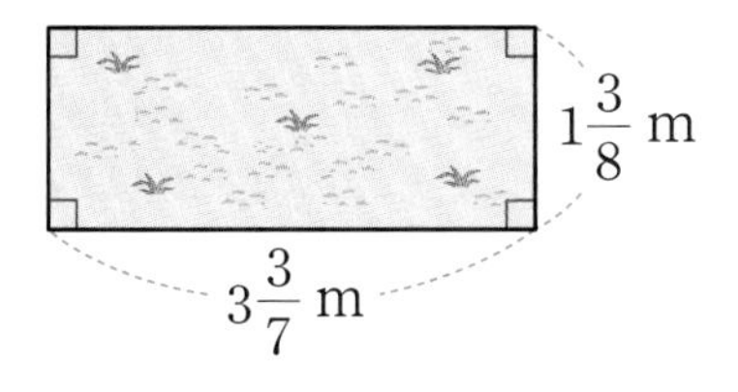

$3\frac{3}{7} \times 1\frac{3}{8} = \square (m^2)$

3-2

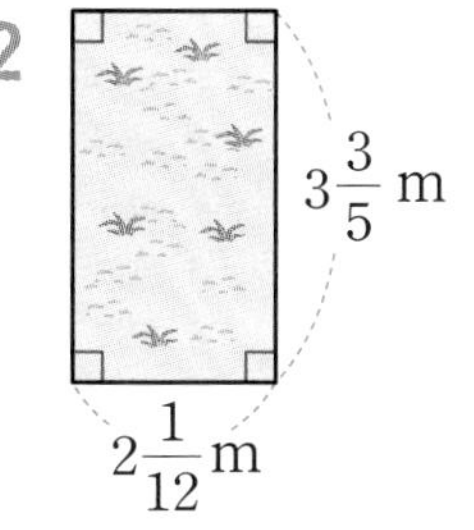

$2\frac{1}{12} \times \square = \square (m^2)$

3-3

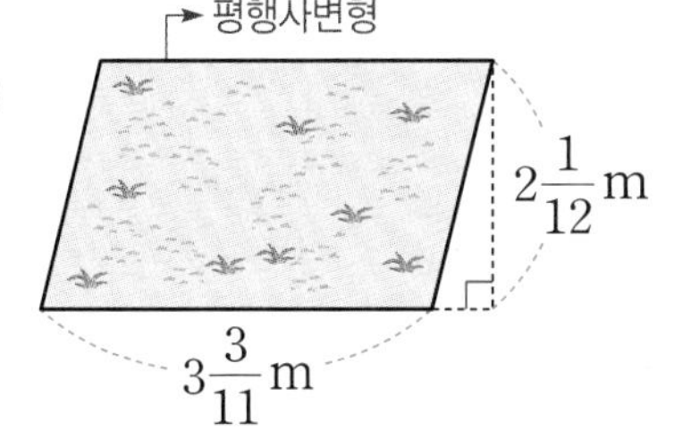

$3\frac{3}{11} \times 2\frac{1}{12} = \square (m^2)$

3-4

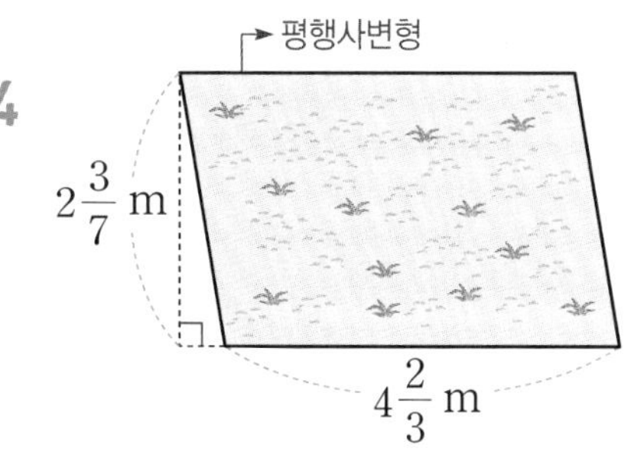

$4\frac{2}{3} \times \square = \square (m^2)$

문장 읽고 계산식 세우기

4-1 가로가 $2\frac{9}{20}$ cm, 세로가 $2\frac{1}{7}$ cm인 직사각형의 넓이는 몇 cm^2인지 기약분수로 나타내면?

식 $2\frac{9}{20} \times \square = \square (cm^2)$

4-2 가로가 $7\frac{1}{4}$ cm, 세로가 $3\frac{1}{5}$ cm인 직사각형의 넓이는 몇 cm^2인지 기약분수로 나타내면?

식 $7\frac{1}{4} \times \square = \square (cm^2)$

2주 4일

5일 세 분수의 곱셈 ①

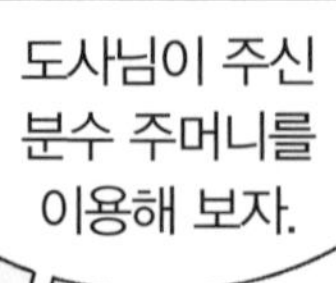

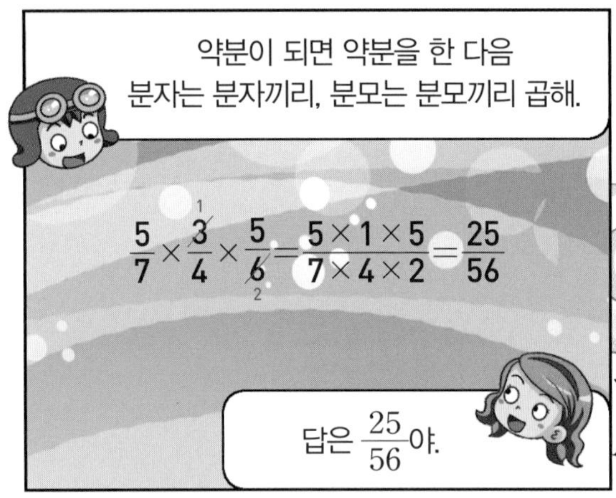

똑똑한 하루 계산법

• **단위분수끼리의 곱셈**

예 $\frac{1}{2}\times\frac{1}{3}\times\frac{1}{4}$의 계산

$$\frac{1}{2}\times\frac{1}{3}\times\frac{1}{4}=\frac{1}{2\times3\times4}$$

$$=\frac{1}{24}$$

분자는 그대로 1로 두고 분모끼리 곱해요.

• **진분수끼리의 곱셈**

예 $\frac{5}{7}\times\frac{3}{4}\times\frac{5}{6}$의 계산

$$\frac{5}{7}\times\frac{\overset{1}{\cancel{3}}}{4}\times\frac{5}{\underset{2}{\cancel{6}}}=\frac{5\times1\times5}{7\times4\times2}$$

$$=\frac{25}{56}$$

약분이 되면 약분을 한 다음 분자는 분자끼리, 분모는 분모끼리 곱해요.

똑똑한 계산 연습

제한 시간 5분

계산을 하여 기약분수로 나타내어 보세요.

① $\frac{1}{3}\times\frac{1}{4}\times\frac{1}{6}=\frac{1}{3\times\square\times\square}=\frac{\square}{\square}$

단위분수끼리의 곱셈은 분자는 그대로 1로 두고 분모끼리 곱해요.

② $\frac{\overset{1}{\cancel{5}}}{8}\times\frac{\overset{1}{\cancel{3}}}{\underset{\square}{\cancel{10}}}\times\frac{7}{\underset{\square}{\cancel{9}}}=\frac{\square}{\square}$

③ $\frac{\overset{3}{\cancel{6}}}{\underset{1}{\cancel{7}}}\times\frac{3}{\underset{\square}{\cancel{8}}}\times\frac{\overset{1}{\cancel{7}}}{10}=\frac{\square}{\square}$

④ $\frac{1}{5}\times\frac{1}{4}\times\frac{1}{7}$

⑤ $\frac{1}{2}\times\frac{1}{9}\times\frac{1}{5}$

⑥ $\frac{2}{7}\times\frac{3}{8}\times\frac{7}{10}$

⑦ $\frac{9}{11}\times\frac{5}{6}\times\frac{9}{10}$

⑧ $\frac{9}{14}\times\frac{1}{4}\times\frac{7}{12}$

⑨ $\frac{5}{9}\times\frac{3}{4}\times\frac{1}{5}$

⑩ $\frac{5}{6}\times\frac{3}{7}\times\frac{7}{8}$

⑪ $\frac{7}{15}\times\frac{5}{22}\times\frac{11}{14}$

세 분수의 곱셈 ②

핑크의 노래가 얼마나 강력했으면 무술 대회는 며칠 중단 됐구나.
저희는 귀마개 때문에 안 들렸어요.

어릴 때부터 내 노래 듣고 좋아 죽는 친구들이 많아서 보자마자 노래를 부른 거야.
좋아하는 거 같지 않았는데…….

이 분수 주머니 성능이 진짜 좋아!
마지막 한 번 남았으니까 더 써볼까?
$1\frac{1}{4}\times3\times\frac{5}{6}$

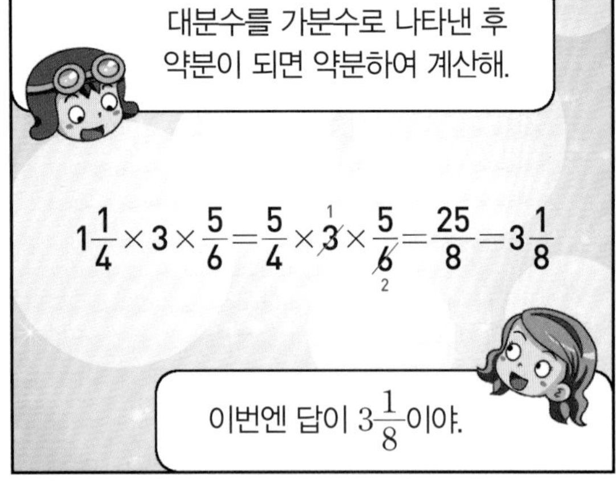
대분수를 가분수로 나타낸 후 약분이 되면 약분하여 계산해.
$1\frac{1}{4}\times3\times\frac{5}{6}=\frac{5}{4}\times\overset{1}{\cancel{3}}\times\frac{5}{\underset{2}{\cancel{6}}}=\frac{25}{8}=3\frac{1}{8}$
이번엔 답이 $3\frac{1}{8}$이야.

파티장으로 변했어.
무술 대회를 잘 마쳤다는 의미 같구나.

파티에 노래가 빠질 수 없지!
안돼!! 제발 그만 둬!!

똑똑한 하루 계산법

• 세 수의 곱셈

예) $1\frac{1}{4}\times3\times\frac{5}{6}$의 계산

$$1\frac{1}{4}\times3\times\frac{5}{6}=\frac{5}{4}\times\overset{1}{\cancel{3}}\times\frac{5}{\underset{2}{\cancel{6}}}=\frac{25}{8}=3\frac{1}{8}$$

대분수를 가분수로 나타낸 후 약분이 되면 약분하여 계산해요.

OX 퀴즈

계산이 옳으면 ○에, 틀리면 ✕에 ○표 하세요.

$$4\times\frac{1}{6}\times1\frac{2}{3}=4\times\frac{1}{6}\times\frac{5}{3}=\frac{1\times5}{4\times6\times3}=\frac{5}{72}$$

정답 ✕에 ○표

▶정답 및 풀이 12쪽

제한 시간 5분

계산을 하여 기약분수로 나타내어 보세요.

❶ $\frac{3}{7} \times \frac{3}{5} \times 1\frac{5}{6} = \frac{\overset{1}{\cancel{3}}}{7} \times \frac{3}{5} \times \frac{\square}{\underset{\square}{\cancel{6}}} = \frac{\square}{\square}$

❷ $5 \times 2\frac{1}{9} \times \frac{3}{10} = \overset{1}{\cancel{5}} \times \frac{\square}{\underset{\square}{\cancel{9}}} \times \frac{\overset{1}{\cancel{3}}}{\underset{\square}{\cancel{10}}} = \frac{\square}{6} = \square\frac{\square}{\square}$

❸ $\frac{2}{3} \times 1\frac{1}{4} \times \frac{8}{15}$

❹ $\frac{2}{9} \times 3\frac{4}{7} \times \frac{14}{15}$

❺ $2\frac{2}{9} \times 12 \times \frac{4}{5}$

❻ $\frac{5}{6} \times 3\frac{1}{2} \times 10$

❼ $3\frac{3}{5} \times 15 \times 1\frac{7}{9}$

❽ $8 \times 1\frac{1}{4} \times 1\frac{2}{7}$

❾ $\frac{7}{10} \times 2\frac{1}{7} \times 1\frac{4}{5}$

❿ $\frac{13}{18} \times 3\frac{1}{4} \times 2\frac{1}{13}$

기초 집중 연습

보기 와 같은 방법으로 계산해 보세요.

보기

$$\frac{8}{9}\times\frac{3}{4}\times1\frac{3}{7}=\frac{\overset{2}{\cancel{8}}}{\underset{3}{\cancel{9}}}\times\frac{\overset{1}{\cancel{3}}}{\underset{1}{\cancel{4}}}\times\frac{10}{7}=\frac{20}{21}$$

1-1 $\frac{15}{16}\times1\frac{3}{5}\times\frac{7}{10}$

1-2 $\frac{21}{25}\times\frac{4}{5}\times3\frac{1}{3}$

1-3 $1\frac{4}{13}\times\frac{8}{9}\times\frac{13}{16}$

1-4 $\frac{5}{9}\times1\frac{2}{7}\times2\frac{5}{8}$

빈칸에 알맞은 기약분수를 써넣으세요.

2-1

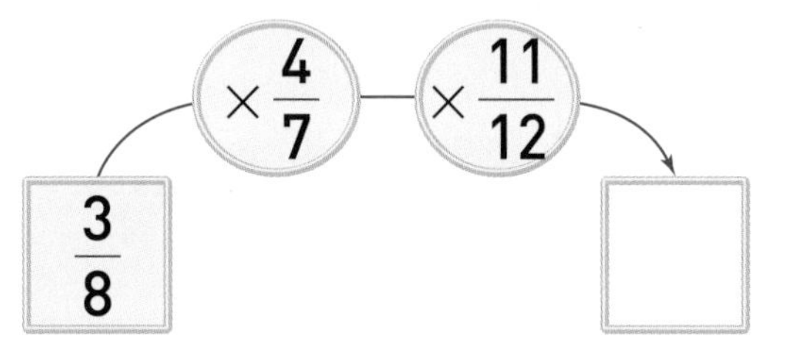

2-2

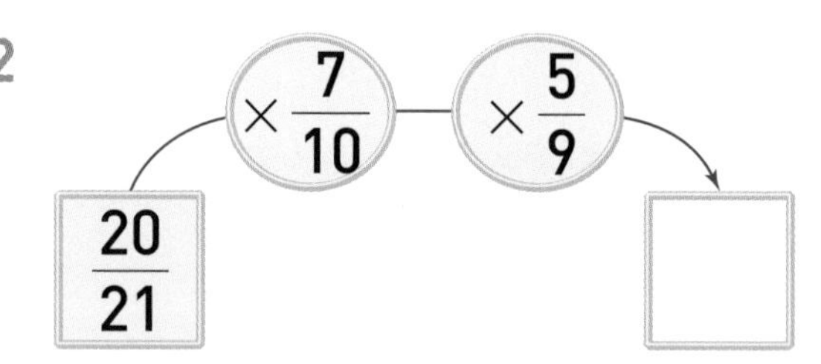

2-3

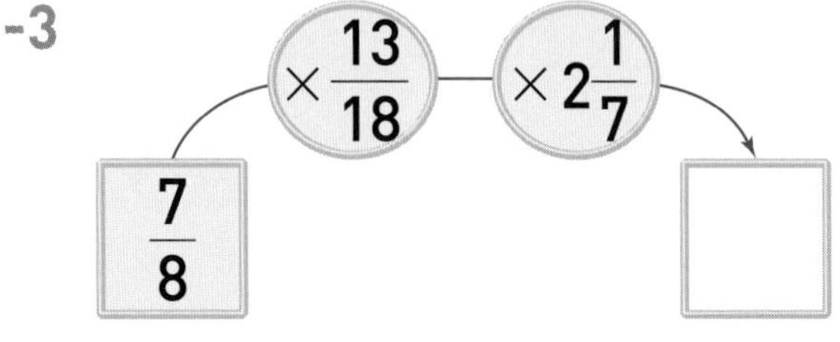

2-4

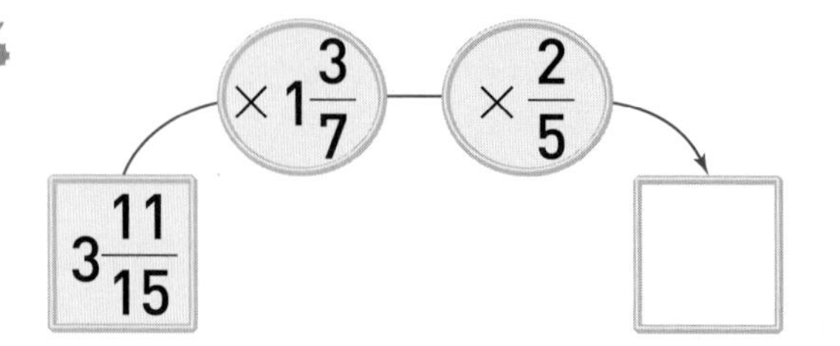

제한 시간 10분

생활 속 계산

수도꼭지에서 1분 동안에 나오는 물의 양과 물통 한 개를 가득 채우는 데 걸리는 시간입니다. 주어진 물통에 물을 가득 채웠을 때의 물의 양을 기약분수로 나타내어 보세요. (단, 각각의 물통의 크기는 같습니다.)

3-1

$\frac{9}{10}$ L씩 $1\frac{2}{3}$분

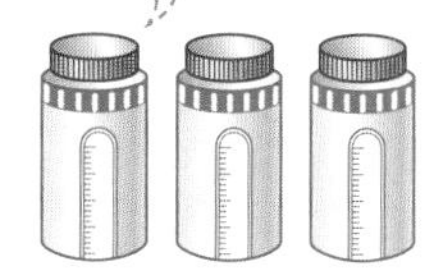

$\frac{9}{10} \times 1\frac{2}{3} \times 3 = \square$ (L)

3-2

$\frac{16}{21}$ L씩 $1\frac{1}{4}$분

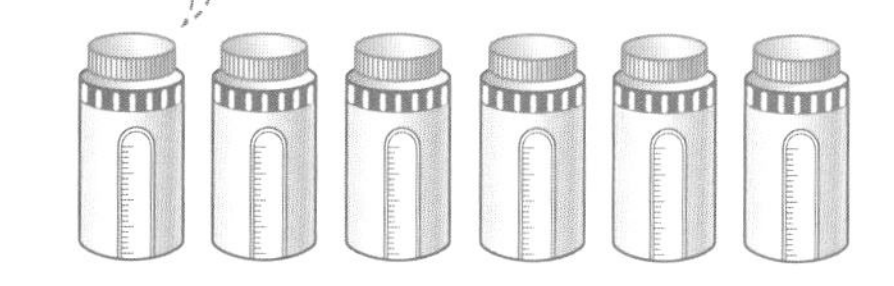

$\frac{16}{21} \times \square \times 6 = \square$ (L)

3-3

$2\frac{1}{5}$ L씩 $3\frac{2}{11}$분

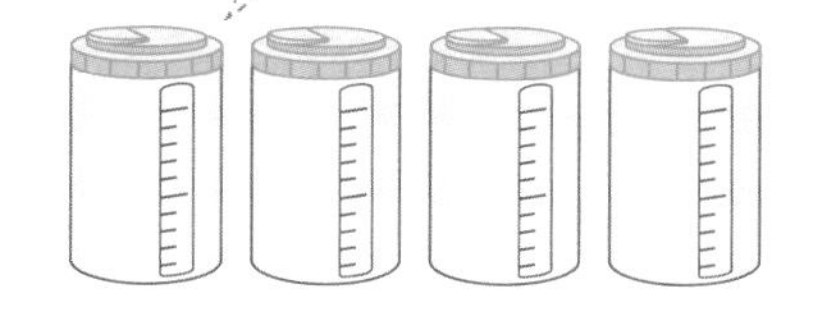

$2\frac{1}{5} \times \square \times 4 = \square$ (L)

3-4

$3\frac{4}{9}$ L씩 $1\frac{1}{5}$분

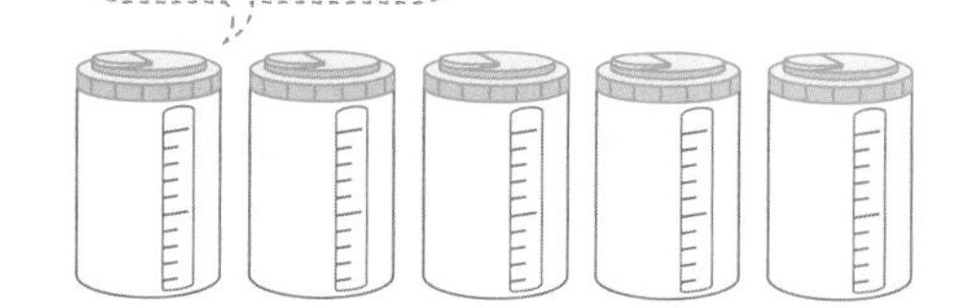

$3\frac{4}{9} \times \square \times 5 = \square$ (L)

문장 읽고 계산식 세우기

4-1

가로가 $4\frac{3}{8}$ cm, 세로가 $1\frac{3}{7}$ cm인 직사각형 모양의 타일 6장의 넓이는 몇 cm^2인지 기약분수로 나타내면?

식 $4\frac{3}{8} \times \square \times 6 = \square$ (cm^2)

4-2

한 변의 길이가 $3\frac{1}{6}$ cm인 정사각형 모양의 타일 4장의 넓이는 몇 cm^2인지 기약분수로 나타내면?

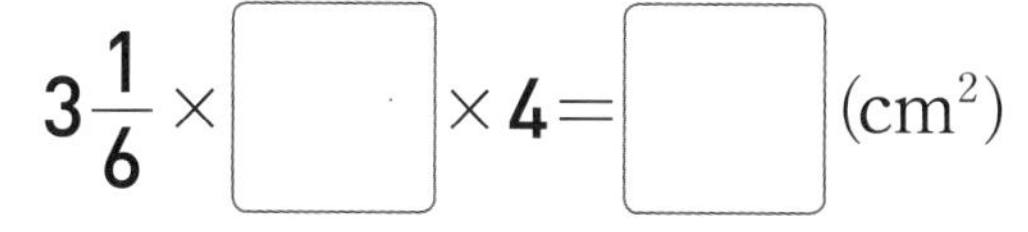

식 $3\frac{1}{6} \times \square \times 4 = \square$ (cm^2)

2주 5일

누구나 100점 맞는 TEST

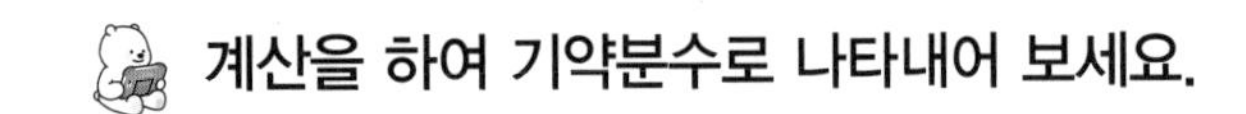

계산을 하여 기약분수로 나타내어 보세요.

1. $\frac{9}{14} \times 12$

2. $\frac{11}{16} \times 20$

3. $1\frac{1}{27} \times 3$

4. $1\frac{7}{20} \times 10$

5. $9 \times \frac{8}{21}$

6. $15 \times \frac{13}{25}$

7. $4 \times 4\frac{1}{6}$

8. $14 \times 3\frac{1}{8}$

9. $\frac{1}{12} \times \frac{1}{4}$

10. $\frac{1}{7} \times \frac{1}{13}$

▶정답 및 풀이 13쪽

제한 시간 15분

맞은 개수 / 20개

⑪ $\frac{1}{5}\times\frac{7}{10}$

⑫ $\frac{3}{10}\times\frac{1}{9}$

⑬ $\frac{5}{8}\times\frac{6}{11}$

⑭ $\frac{11}{12}\times\frac{6}{13}$

⑮ $\frac{7}{12}\times3\frac{3}{5}$

⑯ $1\frac{7}{18}\times\frac{8}{15}$

⑰ $2\frac{1}{3}\times2\frac{5}{14}$

⑱ $4\frac{1}{5}\times2\frac{6}{7}$

⑲ $\frac{7}{9}\times\frac{6}{11}\times\frac{5}{7}$

⑳ $\frac{5}{7}\times3\frac{4}{15}\times2\frac{1}{2}$

제한 시간 안에 정확하게 모두 풀었다면
여러분은 진정한 **계산왕**!

특강 창의·융합·코딩

비밀번호를 찾아라!

컴퓨터를 켜려고 하는데 비밀번호가 기억이 나지 않습니다.

위 ❶, ❷, ❸, ❹에 알맞은 수를 찾아 비밀번호를 알아보자.

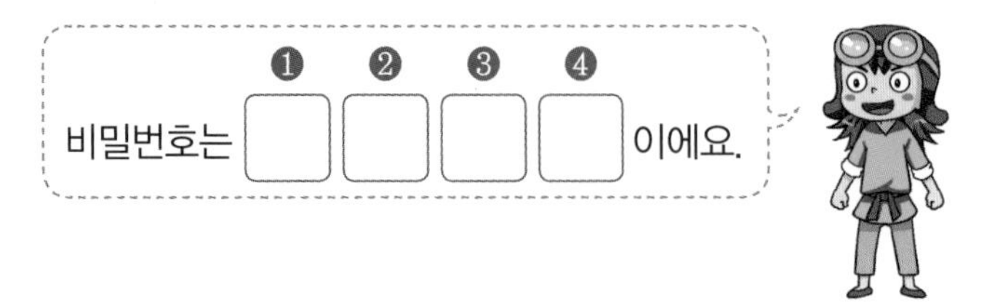

▶정답 및 풀이 14쪽

공이 2번 튀어 올랐을 때의 높이?

융합 2 윤석이는 4 m 높이에서 공을 떨어뜨렸습니다. 이 공은 땅에 닿은 후 떨어진 높이의 $\frac{5}{8}$만큼 다시 튀어 오른다고 합니다.

공이 땅에 한 번 닿았다가 튀어 올랐을 때의 높이는 ☐ m야.

공이 땅에 두 번 닿았다가 튀어 올랐을 때의 높이는 몇 m일까요?

답 ________ m

창의·융합·코딩

수 카드 중 2장을 사용하여 분수의 곱셈식을 만들려고 합니다. 계산 결과가 가장 작은 식을 만들고, 계산해 보세요.

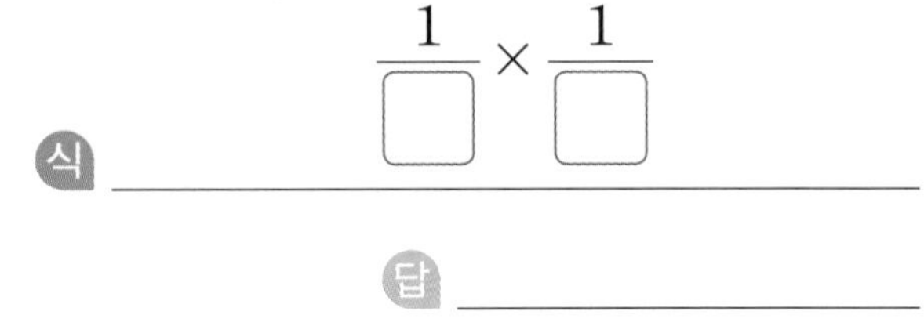

식 ____________________

답 ____________________

창의 4 문제의 답을 따라가면 준희가 가장 먼저 가야 하는 곳을 알 수 있습니다. 어느 곳인지 쓰세요.

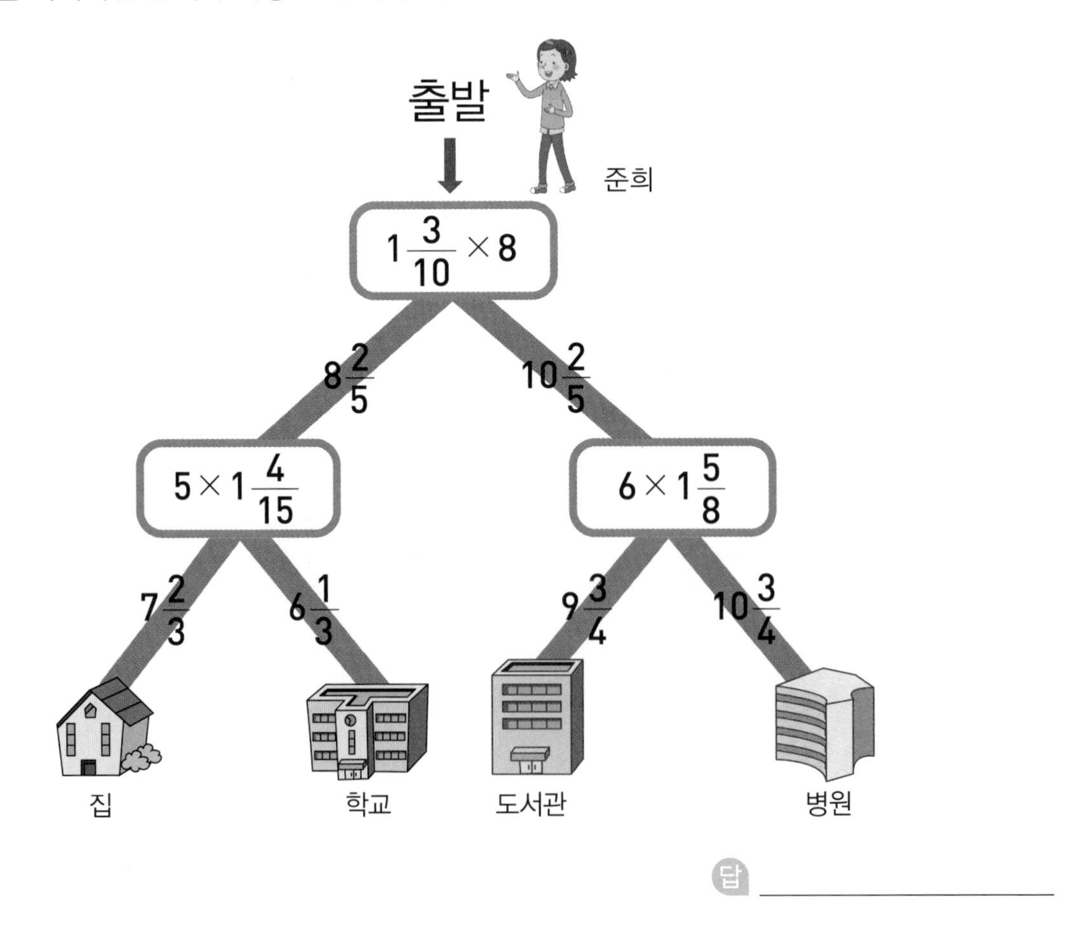

답 ____________________

▶ 정답 및 풀이 14쪽

융합 5 다음은 1분 동안 운동했을 때 소모되는 열량을 나타낸 것입니다.

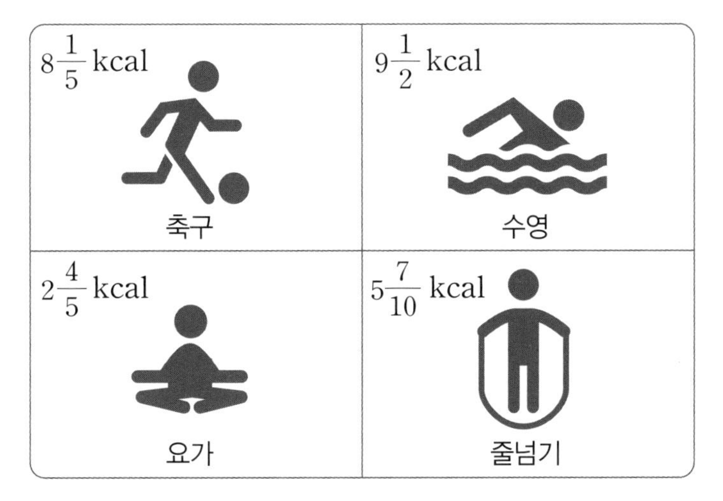

열량은 체내에서 발생하는 에너지의 양으로 'kcal'라 쓰고 '킬로칼로리'라고 읽어요.

주어진 시간 동안 운동을 했을 때 소모되는 열량은 몇 kcal인지 기약분수로 나타내어 보세요.

(1)

정우: 축구를 10분 동안 했어요.

답 ______________ kcal

(2)

우석: 수영을 15분 동안 했어요.

답 ______________ kcal

(3)

준희: 요가를 $13\frac{1}{3}$분 동안 했어요.

답 ______________ kcal

(4)

민하: 줄넘기를 $9\frac{1}{6}$분 동안 했어요.

답 ______________ kcal

2주 특강

특강 창의·융합·코딩

연료 1 L로 갈 수 있는 거리를 연비라고 합니다. 연료 1 L로 $13\frac{1}{5}$ km를 갈 수 있는 자동차가 있습니다. 이 자동차가 연료 8 L로 갈 수 있는 거리는 몇 km인지 구하세요.

답 ______________ km

사다리 타기는 선을 따라 내려가다가 가로로 놓인 선을 만나면 가로선을 따라 맨 아래까지 내려가는 놀이입니다. 선을 따라 가면서 만나는 계산 방법에 따라 도착한 곳에 계산 결과를 써넣으세요.

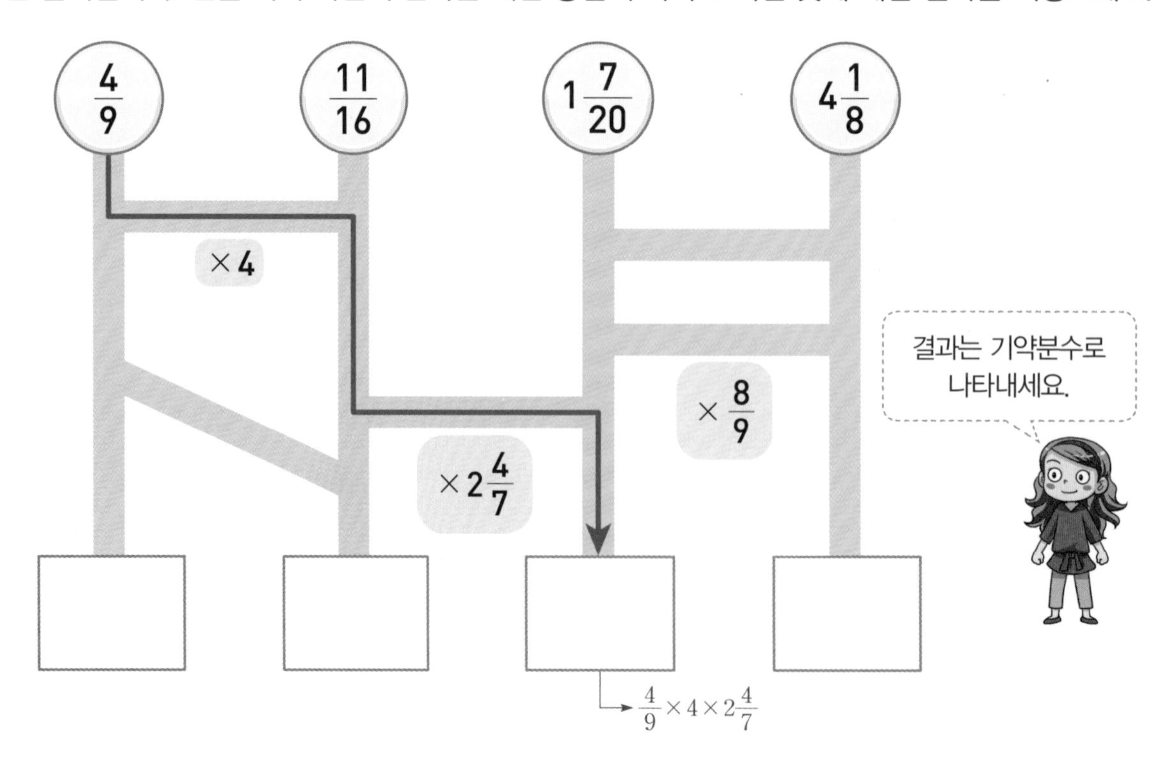

▶ 정답 및 풀이 14쪽

블록 명령에 따라 로봇이 움직입니다. 로봇이 도착한 곳의 두 수의 곱을 구하여 기약분수로 나타내어 보세요.

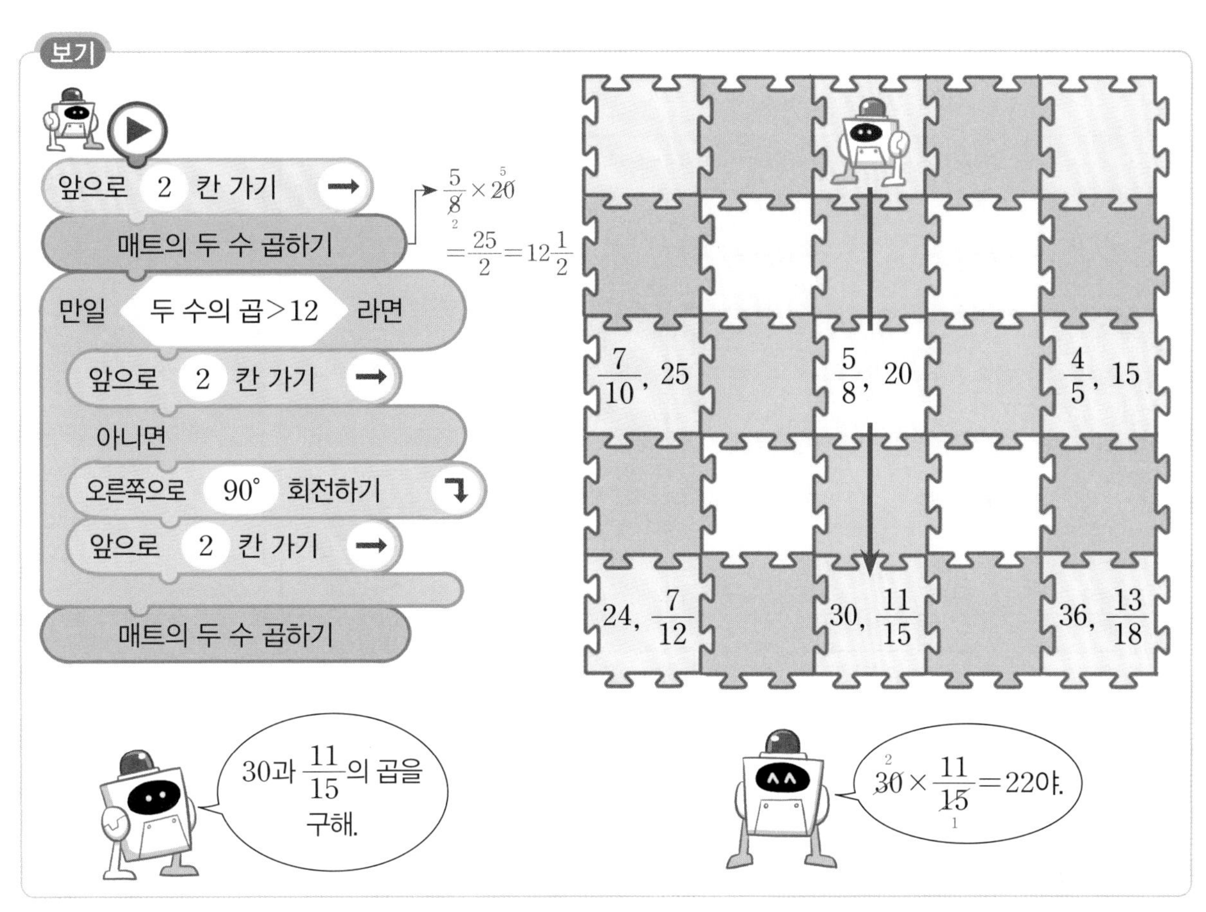

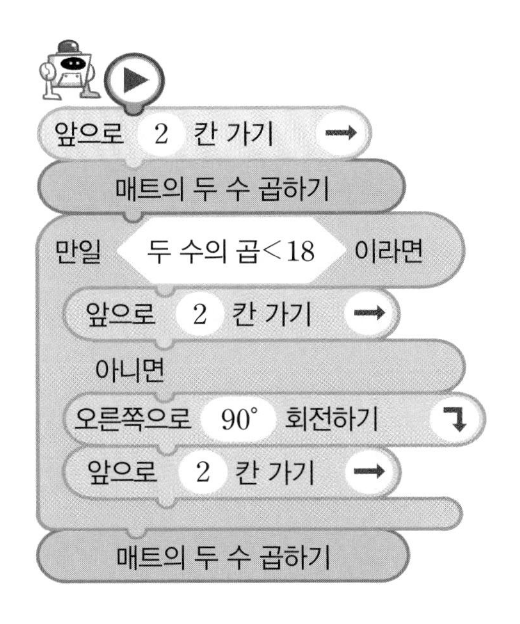

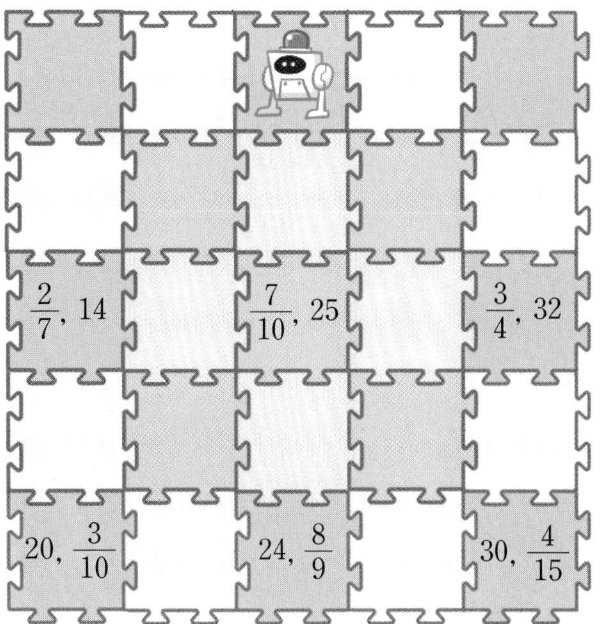

답 ______________

3주 소수의 곱셈 (1)

너희의 가능성을 보고 이걸 주마!
전설의 수학비급이 있는 지도군요!

수학비급은 바다의 요괴의 섬 중심에 보물 상자 안에 있어.
N
W
E
S

그 보물 상자의 열쇠는 요괴의 섬에 사는 마녀가 가지고 있단다!
마녀는 강한 사람이겠죠?

무시무시한 여자야. 성격도 고약한 마귀 할멈이지.
혹시 아는 분이에요?

너희라면 잘 할 수 있다. 살아오너라~.
죽을 수도 있나? 왜 살아오라고 하시지?

배를 타야 하는 데 너희 뱃멀미 안 해?
뱃멀미 심해.
나도…….

뱃멀미에 좋은 약을 만들어 왔어. 짜잔~!

이 컵에 0.6 L를 담아서 한 명씩 마시면 돼.
우리는 3명이니까 모두 몇 L가 필요한 거지?

분수의 곱셈으로 계산하니 1.8 L가 필요하네.

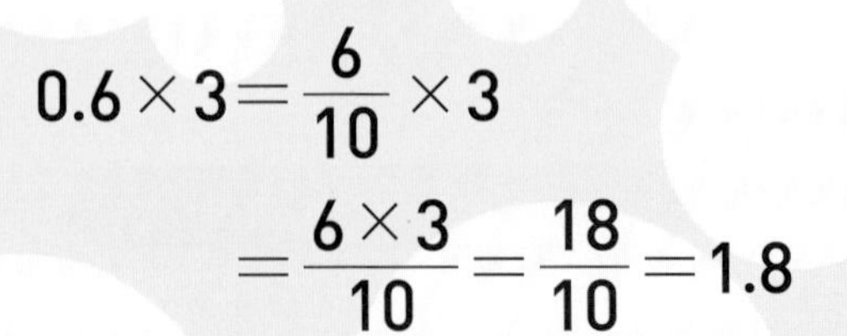

$$0.6 \times 3 = \frac{6}{10} \times 3 = \frac{6 \times 3}{10} = \frac{18}{10} = 1.8$$

3주에 배울 내용을 알아볼까요? ❶

1일 (소수)×(자연수)(1)
2일 (소수)×(자연수)(2)
3일 (자연수)×(소수)(1)
4일 (자연수)×(소수)(2)
5일 (소수)×(소수)(1)

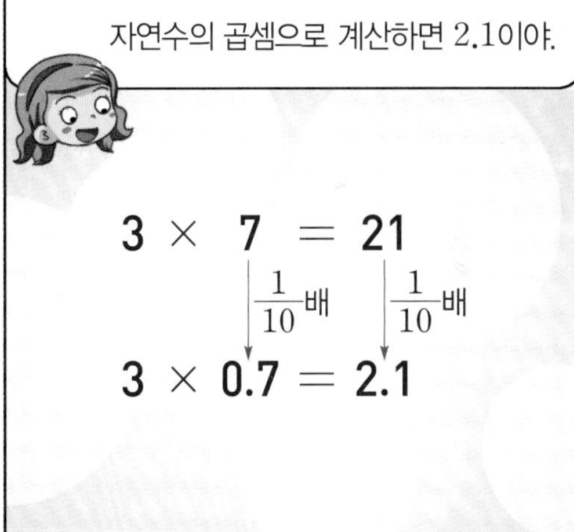

3주에 배울 내용을 알아볼까요? ②

4-2 소수 사이의 관계

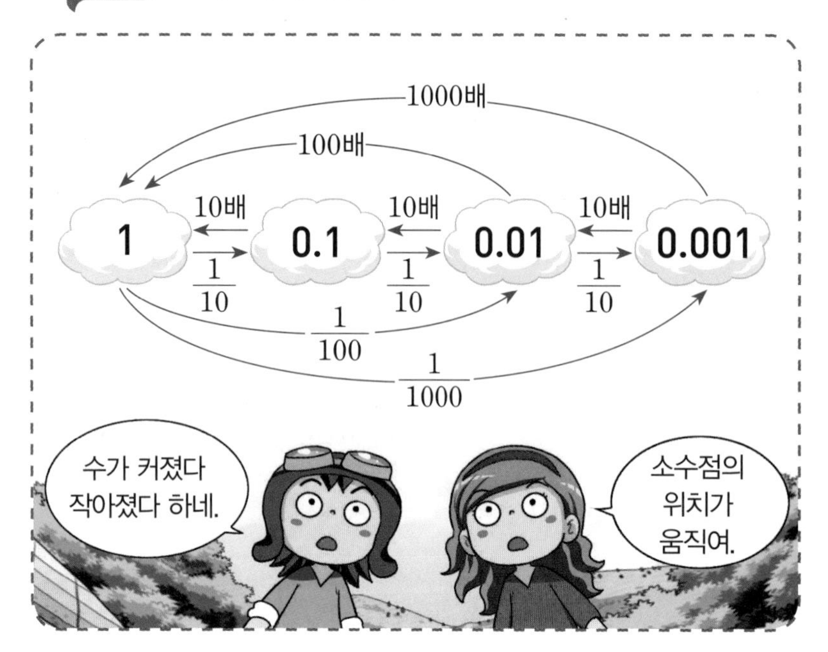

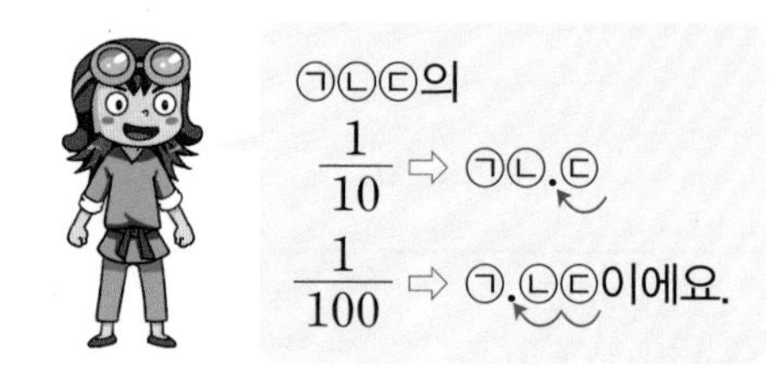

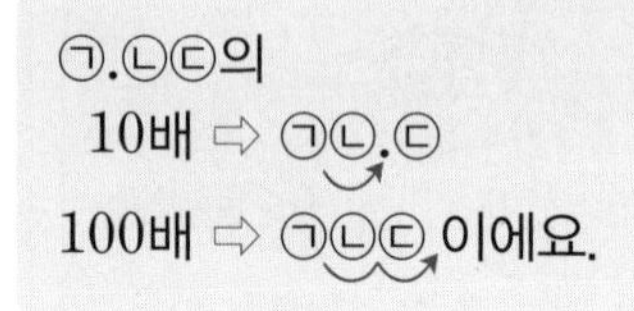

빈칸에 알맞은 수를 써넣으세요.

1-1 3.71 —10배→ 37.1 —10배→ ☐

1-2 0.135 —10배→ 1.35 —10배→ ☐

1-3 45 —$\frac{1}{10}$→ 4.5 —$\frac{1}{10}$→ ☐

1-4 7 —$\frac{1}{10}$→ 0.7 —$\frac{1}{10}$→ ☐

5-2 분수의 곱셈

음료수 $\frac{7}{10}$ L가 3개 있어.
$\frac{7}{10}\times3=\frac{7\times3}{10}=\frac{21}{10}=2\frac{1}{10}$
음료수가 모두 몇 L인지 계산하는 사람이 마시자.
그럼 나는 못 마시잖아…….

(진분수)×(자연수)에서 진분수의 분자와 자연수를 곱하여 계산해요.

약분이 되면 약분하여 계산해요.

 계산을 하여 기약분수로 나타내어 보세요.

2-1 $\frac{3}{8}\times3$

2-2 $4\times\frac{2}{5}$

2-3 $\frac{3}{20}\times9$

2-4 $7\times\frac{9}{10}$

2-5 $\frac{5}{18}\times9$

2-6 $15\times\frac{5}{6}$

(소수)×(자연수) ①

도술이 걸린 배라 알아서 잘 가네.
이 설명서에도 쓰여 있어.

이 배는 운전하지 않아도 됩니다. 목적지는 요괴의 섬입니다.
그건 아는 내용이네.

배에 물이 새면 길이가 (0.6 × 4) m인 나무토막이 필요할 것입니다.
푸웅

꺅! 바닥에 물이 들어 오고 있어!
(0.6 × 4) m는 모두 몇 m야?

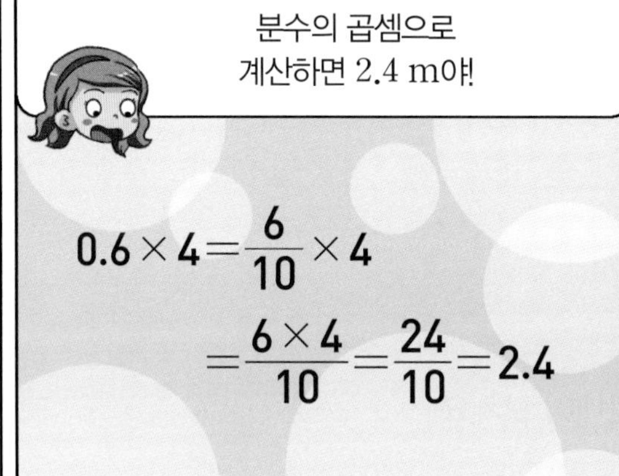

분수의 곱셈으로 계산하면 2.4 m야!
0.6×4=6/10×4
=6×4/10=24/10=2.4

물고기 밥 되는 줄 알았네…….
무슨 설명서가 계산을 해야 해!

똑똑한 하루 계산법

• (1보다 작은 소수 한 자리 수)×(자연수)

예 0.6×4의 계산

방법 1 분수의 곱셈으로 계산하기

$$0.6\times4=\frac{6}{10}\times4=\frac{6\times4}{10}=\frac{24}{10}=2.4$$

방법 2 자연수의 곱셈으로 계산하기

$$6\times4=24$$

($\frac{1}{10}$배 ↓, $\frac{1}{10}$배 ↓)

$$0.6\times4=2.4$$

$$\begin{array}{r} 6 \\ \times\ 4 \\ \hline 24 \end{array} \Rightarrow \begin{array}{r} 0.6 \\ \times\ \ 4 \\ \hline 2.4 \end{array}$$

소수점을 맞추어 찍어야 해요.

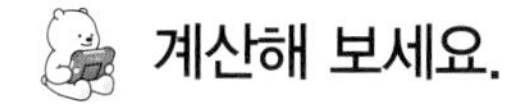
계산해 보세요.

❶ $\begin{array}{r} 0.3 \\ \times \quad 5 \\ \hline \end{array}$

❷ $\begin{array}{r} 0.8 \\ \times \quad 2 \\ \hline \end{array}$

❸ $\begin{array}{r} 0.7 \\ \times \quad 4 \\ \hline \end{array}$

❹ $\begin{array}{r} 0.6 \\ \times \quad 7 \\ \hline \end{array}$

❺ $\begin{array}{r} 0.9 \\ \times \quad 5 \\ \hline \end{array}$

❻ $\begin{array}{r} 0.4 \\ \times \quad 3 \\ \hline \end{array}$

❼ $\begin{array}{r} 0.3 \\ \times \ 18 \\ \hline \end{array}$

❽ $\begin{array}{r} 0.2 \\ \times \ 49 \\ \hline \end{array}$

❾ $\begin{array}{r} 0.5 \\ \times \ 37 \\ \hline \end{array}$

❿ 0.7×8

⓫ 0.6×6

⓬ 0.3×7

⓭ 0.4×14

⓮ 0.9×33

⓯ 0.4×28

(소수)×(자연수) ②

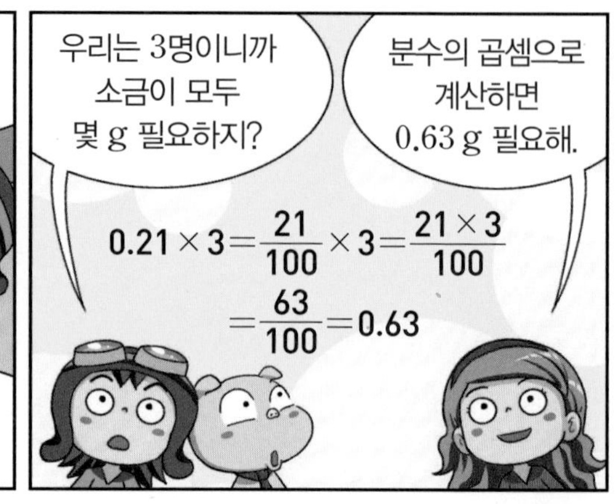

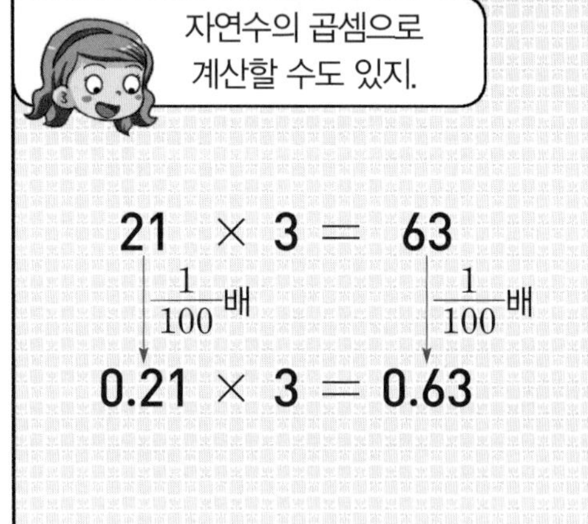

똑똑한 하루 계산법

- (1보다 작은 소수 두 자리 수)×(자연수)

예 0.21×3의 계산

방법 1 분수의 곱셈으로 계산하기

$$0.21\times3=\frac{21}{100}\times3=\frac{21\times3}{100}=\frac{63}{100}=0.63$$

방법 2 자연수의 곱셈으로 계산하기

$$21\times3=63$$

$\frac{1}{100}$배 ↓　　　↓ $\frac{1}{100}$배

$$0.21\times3=0.63$$

$$\begin{array}{r} 21 \\ \times\quad 3 \\ \hline 63 \end{array} \Rightarrow \begin{array}{r} 0.21 \\ \times\quad\ 3 \\ \hline 0.63 \end{array}$$

소수점을 맞추어 찍어요.

똑똑한 계산 연습

▶정답 및 풀이 15쪽

제한 시간 6분

계산해 보세요.

❶
	0	. 1	3
×			3

❷
	0	. 2	1
×			4

❸
	0	. 3	4
×			2

❹
	0	. 4	5
×			5

❺
	0	. 6	3
×			2

❻
	0	. 9	2
×			4

❼
	0	. 2	9
×		2	4

❽
	0	. 3	5
×		1	7

❾
	0	. 6	2
×		4	8

⑩ 0.16×4

⑪ 0.42×3

⑫ 0.72×3

⑬ 0.83×13

⑭ 0.51×49

⑮ 0.47×26

3주 1일

기초 집중 연습

 보기 와 같이 분수의 곱셈으로 계산해 보세요.

보기

$$0.5\times7=\frac{5}{10}\times7=\frac{5\times7}{10}=\frac{35}{10}=3.5$$

1-1 0.3×9

1-2 0.23×3

 빈칸에 알맞은 수를 써넣으세요.

2-1

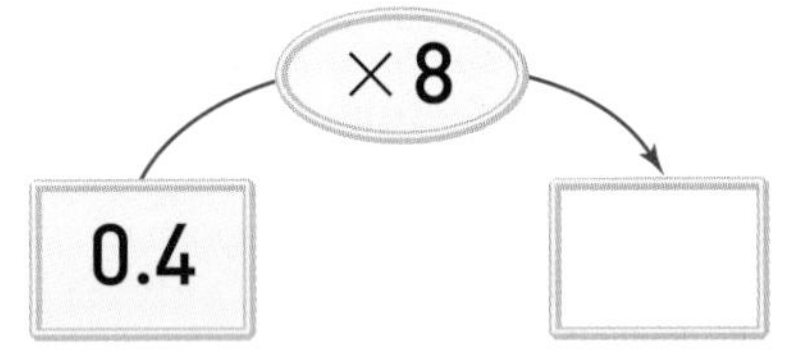

2-2

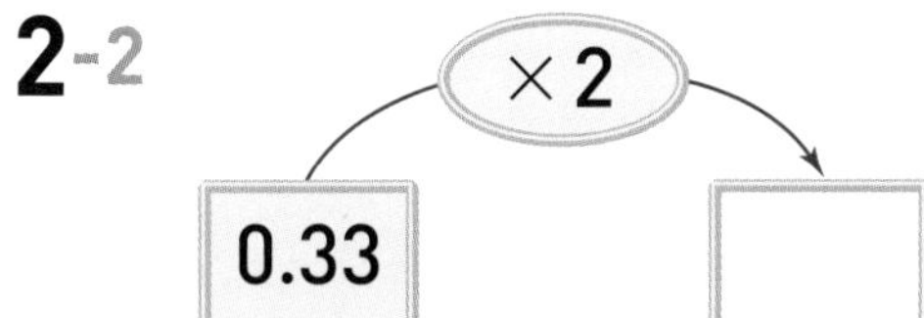

2-3

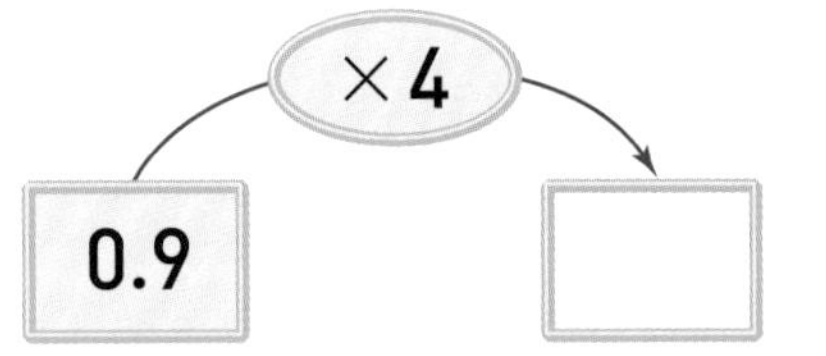

2-4

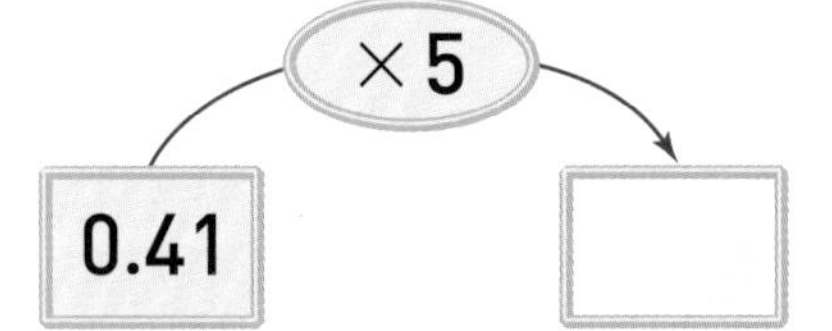

2-5

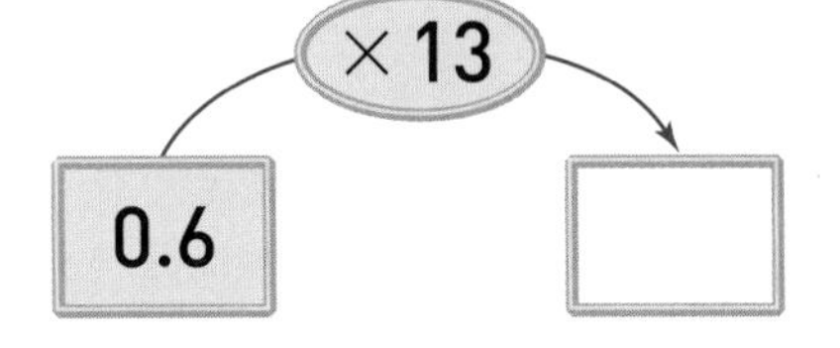

2-6

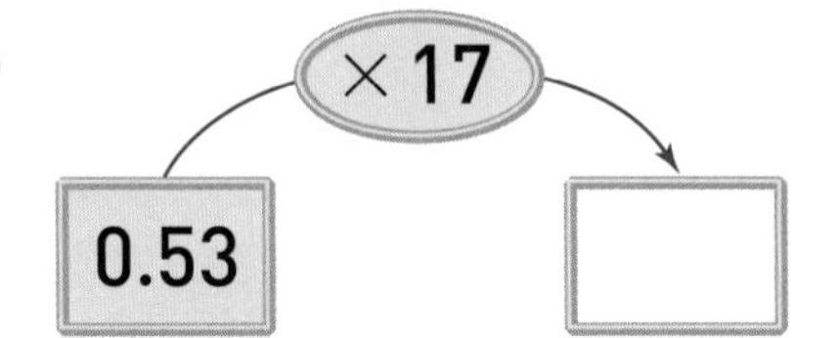

⏰ 제한 시간 10분

생활 속 계산

 한 개의 무게가 다음과 같은 과일의 무게는 몇 kg인지 구하세요.

3-1 오렌지: 0.4 kg

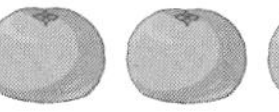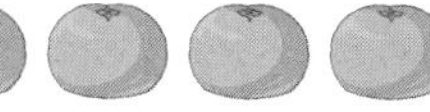

⇨ $\square \times 6 = \square$ (kg)

3-2 복숭아: 0.18 kg

⇨ $0.18 \times \square = \square$ (kg)

3-3 배: 0.5 kg

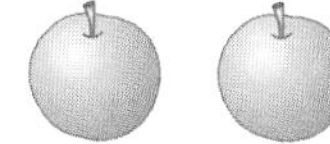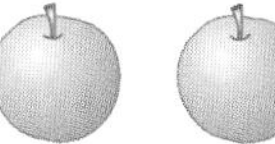

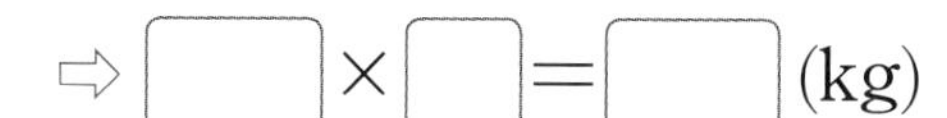

⇨ $\square \times \square = \square$ (kg)

3-4 레몬: 0.14 kg

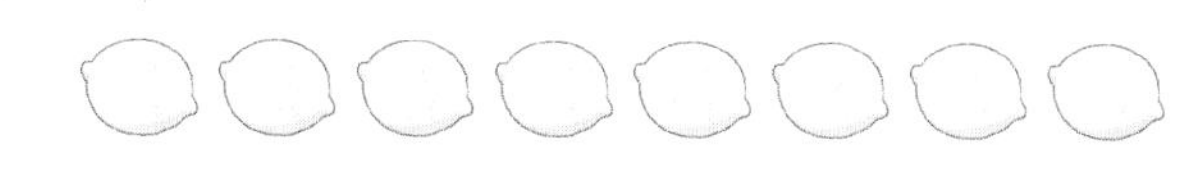

⇨ $\square \times \square = \square$ (kg)

3주 1일

문장 읽고 계산식 세우기

4-1 0.8을 6번 더한 것을 곱셈식으로 나타내면?

식 $0.8 \times \square = \square$

4-2 0.29를 3번 더한 것을 곱셈식으로 나타내면?

식 $\square \times 3 = \square$

4-3 은호는 우유를 0.3 L씩 7일 동안 마셨다면 은호가 마신 우유는 모두 몇 L인지?

식 $0.3 \times \square = \square$ (L)

4-4 선우가 초콜릿을 0.45 kg씩 5일 동안 먹었다면 선우가 먹은 초콜릿은 모두 몇 kg인지?

식 $\square \times \square = \square$ (kg)

2일 (소수)×(자연수) ③

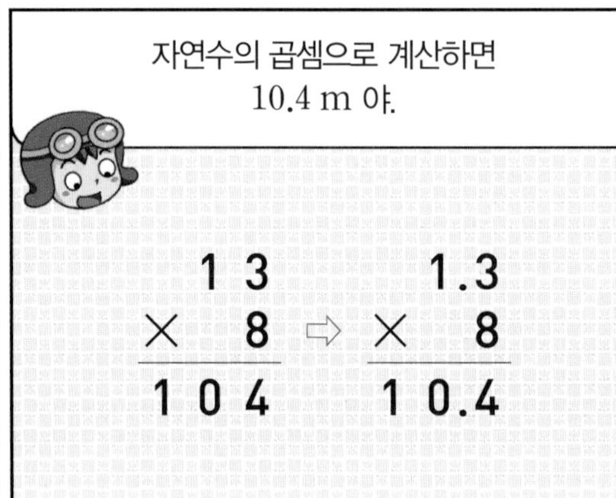

똑똑한 하루 계산법

• (1보다 큰 소수 한 자리 수)×(자연수)

예 1.3×8의 계산

방법 1 분수의 곱셈으로 계산하기

$$1.3\times8=\frac{13}{10}\times8=\frac{13\times8}{10}=\frac{104}{10}=10.4$$

방법 2 자연수의 곱셈으로 계산하기

$$13\times8=104$$

($\frac{1}{10}$배, $\frac{1}{10}$배)

$$1.3\times8=10.4$$

$$\begin{array}{r} 13 \\ \times\ \ 8 \\ \hline 104 \end{array} \Rightarrow \begin{array}{r} 1.3 \\ \times\ \ 8 \\ \hline 10.4 \end{array}$$

소수점을 맞추어 찍어야 완성!

똑똑한 계산 연습

제한 시간 6분

계산해 보세요.

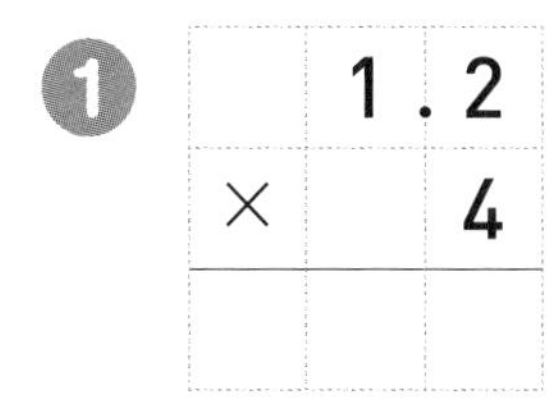

① 1.2×4

② 2.3×3

③ 3.2×2

④ 1.8×4

⑤ 4.1×2

⑥ 5.4×3

⑦ 6.3×14

⑧ 8.3×43

⑨ 7.2×38

⑩ 1.4×2

⑪ 2.6×3

⑫ 3.4×2

⑬ 2.4×27

⑭ 5.8×14

⑮ 4.5×29

(소수)×(자연수) ④

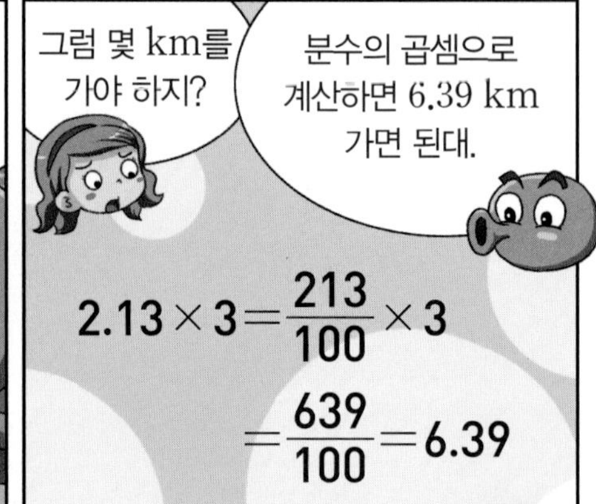

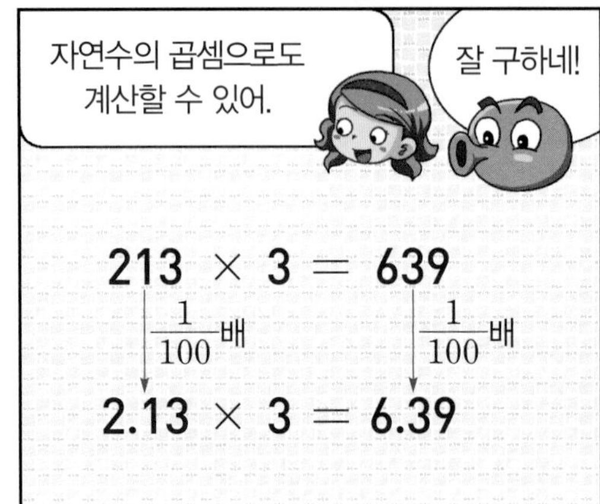

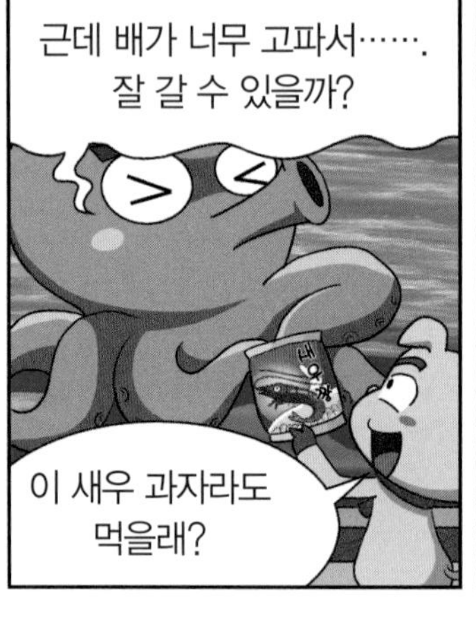

똑똑한 하루 계산법

• (1보다 큰 소수 두 자리 수)×(자연수)

예 2.13×3의 계산

방법 1 분수의 곱셈으로 계산하기

$$2.13\times3=\frac{213}{100}\times3=\frac{213\times3}{100}=\frac{639}{100}=6.39$$

방법 2 자연수의 곱셈으로 계산하기

$$213\times3=639$$

$\downarrow \frac{1}{100}$배 $\qquad \downarrow \frac{1}{100}$배

$$2.13\times3=6.39$$

$$\begin{array}{r} 213 \\ \times \quad 3 \\ \hline 639 \end{array} \Rightarrow \begin{array}{r} 2.13 \\ \times \quad 3 \\ \hline 6.39 \end{array}$$

소수점을 맞추어 찍어야 해요.

똑똑한 계산 연습

▶정답 및 풀이 16쪽

제한 시간 6분

계산해 보세요.

❶

	1 .	2	3
×			2

❷

	2 .	2	1
×			3

❸

	1 .	2	4
×			4

❹

	2 .	4	5
×			3

❺

	7 .	6	3
×			2

❻

	3 .	2	5
×			9

❼

	5 .	2	9
×		1	3

❽

	4 .	3	8
×		1	8

❾

	3 .	6	2
×		2	7

❿ 2.12×3

⓫ 5.42×6

⓬ 3.87×5

⓭ 3.26×24

⓮ 4.53×18

⓯ 6.45×23

3주 2일

기초 집중 연습

보기 와 같이 분수의 곱셈으로 계산해 보세요.

보기

$$2.3\times 5=\frac{23}{10}\times 5=\frac{23\times 5}{10}=\frac{115}{10}=11.5$$

1-1 1.7×4

1-2 1.54×3

빈칸에 알맞은 수를 써넣으세요.

2-1 3.4 → ×2 → □

2-2 1.65 → ×5 → □

2-3 5.9 → ×5 → □

2-4 2.84 → ×7 → □

2-5 4.3 → ×11 → □

2-6 3.12 → ×13 → □

제한 시간 10분

생활 속 계산

직사각형 모양의 화단의 넓이를 구하세요.

3-1

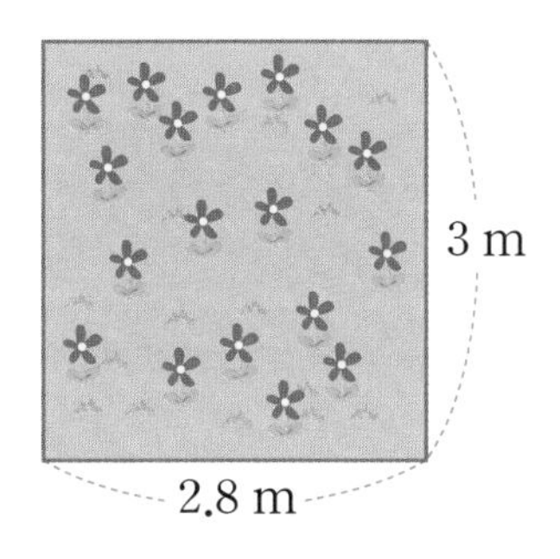

$2.8 \times \square = \square$ (m^2)

3-2

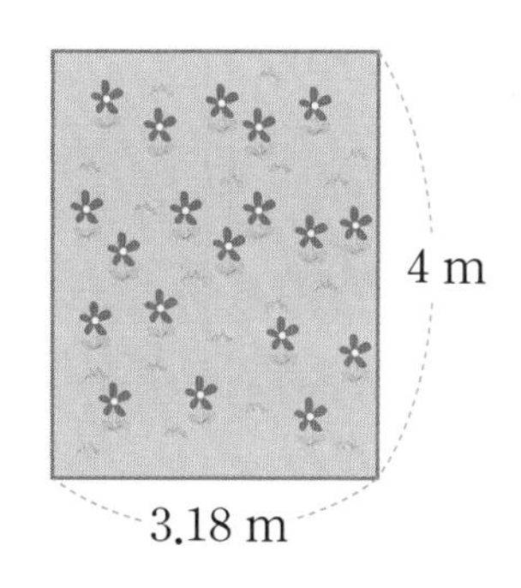

$\square \times 4 = \square$ (m^2)

3-3

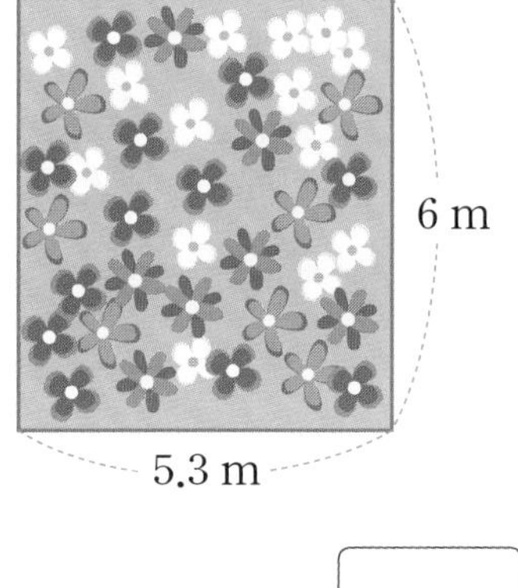

$\square$ m^2

3-4

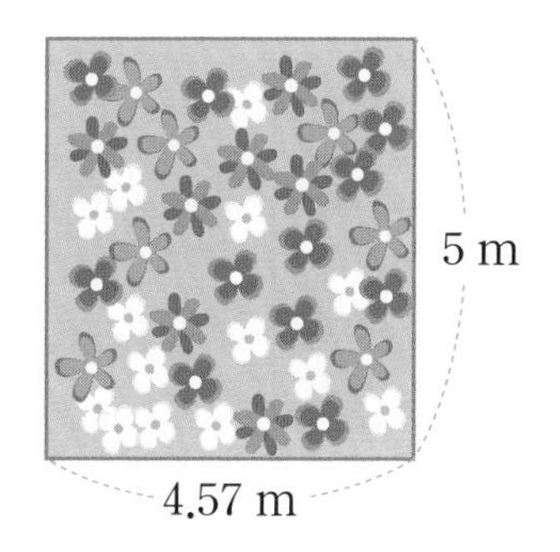

$\square$ m^2

문장 읽고 계산식 세우기

4-1 길이가 9.5 m인 색 테이프가 9개 있다면 색 테이프의 전체 길이는 몇 m인지?

식 $9.5 \times \square = \square$ (m)

4-2 길이가 2.72 m인 끈이 8개 있다면 끈의 전체 길이는 몇 m인지?

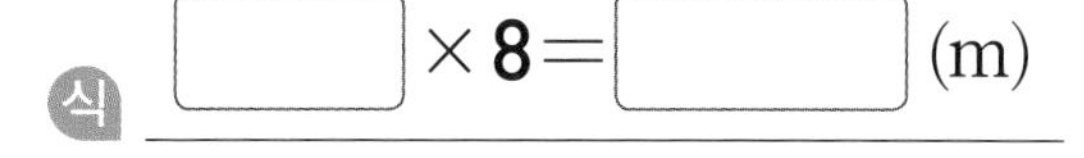

식 $\square \times 8 = \square$ (m)

(자연수)×(소수) ①

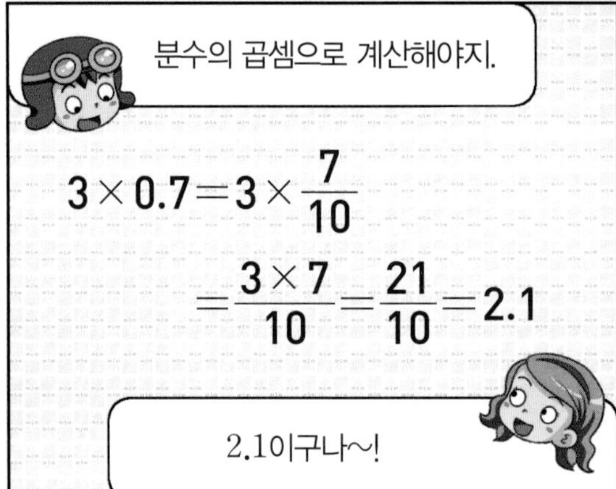

똑똑한 하루 계산법

• (자연수)×(1보다 작은 소수 한 자리 수)

예 3×0.7의 계산

방법 1 분수의 곱셈으로 계산하기

$$3\times0.7=3\times\frac{7}{10}=\frac{3\times7}{10}=\frac{21}{10}=2.1$$

방법 2 자연수의 곱셈으로 계산하기

$3\times7=21$

↓ $\frac{1}{10}$배 ↓ $\frac{1}{10}$배

$3\times0.7=2.1$

$$\begin{array}{r}3\\ \times\ 7\\ \hline 21\end{array} \Rightarrow \begin{array}{r}3\\ \times\ 0.7\\ \hline 2.1\end{array}$$

소수점을 맞추어 찍어야 해요.

▶정답 및 풀이 17쪽

제한 시간 5분

계산해 보세요.

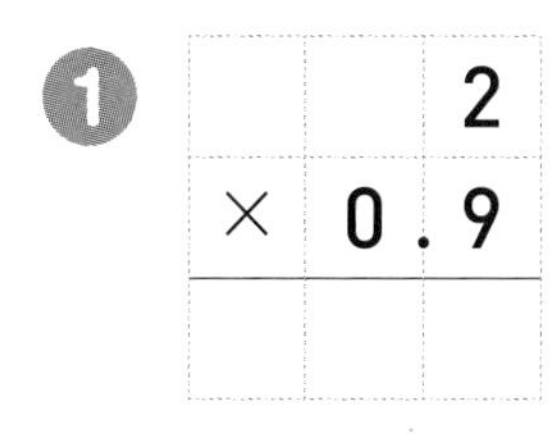

❶ $\begin{array}{r} 2 \\ \times\ 0.9 \\ \hline \end{array}$

❷ $\begin{array}{r} 5 \\ \times\ 0.7 \\ \hline \end{array}$

❸ $\begin{array}{r} 7 \\ \times\ 0.6 \\ \hline \end{array}$

❹ $\begin{array}{r} 8 \\ \times\ 0.4 \\ \hline \end{array}$

❺ $\begin{array}{r} 9 \\ \times\ 0.8 \\ \hline \end{array}$

❻ $\begin{array}{r} 4 \\ \times\ 0.3 \\ \hline \end{array}$

❼ $\begin{array}{r} 12 \\ \times\ 0.4 \\ \hline \end{array}$

❽ $\begin{array}{r} 25 \\ \times\ 0.5 \\ \hline \end{array}$

❾ $\begin{array}{r} 32 \\ \times\ 0.7 \\ \hline \end{array}$

❿ 5×0.5

⓫ 4×0.9

⓬ 9×0.6

⓭ 17×0.7

⓮ 52×0.4

⓯ 32×0.8

(자연수)×(소수) ②

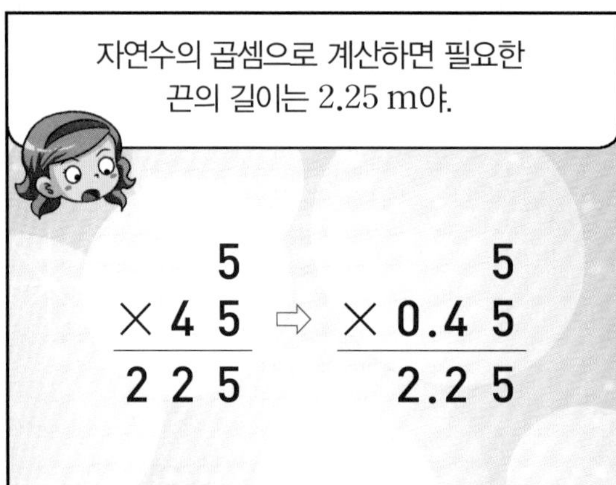

똑똑한 하루 계산법

• (자연수)×(1보다 작은 소수 두 자리 수)

㈎ 5×0.45의 계산

방법 1 분수의 곱셈으로 계산하기

$$5 \times 0.45 = 5 \times \frac{45}{100} = \frac{5 \times 45}{100} = \frac{225}{100} = 2.25$$

방법 2 자연수의 곱셈으로 계산하기

$$5 \times 45 = 225$$

45 → $\frac{1}{100}$배, 225 → $\frac{1}{100}$배

$$5 \times 0.45 = 2.25$$

$$\begin{array}{r} 5 \\ \times\ 45 \\ \hline 225 \end{array} \Rightarrow \begin{array}{r} 5 \\ \times\ 0.45 \\ \hline 2.25 \end{array}$$

소수점을 맞추어 찍어야 완성!

똑똑한 계산 연습

▶정답 및 풀이 17쪽

제한 시간 6분

계산해 보세요.

❶
			3
×	0	. 1	2

❷
			4
×	0	. 1	7

❸
			7
×	0	. 0	4

❹
			5
×	0	. 2	3

❺
			6
×	0	. 5	2

❻
			5
×	0	. 7	3

❼
		2	3
×	0	. 1	2

❽
		1	3
×	0	. 3	6

❾
		4	1
×	0	. 7	5

❿ 2×0.31

⓫ 4×0.63

⓬ 7×0.23

⓭ 26×0.12

⓮ 32×0.23

⓯ 53×0.25

3주 3일

3일 기초 집중 연습

□ 안에 알맞은 수를 써넣으세요.

1-1 $2 \times 9 = 18$

$\downarrow \frac{1}{10}$배 $\quad \downarrow \frac{1}{10}$배

$2 \times 0.9 = \square$

1-2 $3 \times 42 = 126$

$\downarrow \frac{1}{100}$배 $\quad \downarrow \frac{1}{100}$배

$3 \times 0.42 = \square$

1-3 $16 \times 5 = 80$

$\downarrow \frac{1}{10}$배 $\quad \downarrow \frac{1}{10}$배

$16 \times 0.5 = \square$

1-4 $62 \times 4 = 248$

$\downarrow \frac{1}{100}$배 $\quad \downarrow \frac{1}{100}$배

$62 \times 0.04 = \square$

빈칸에 알맞은 수를 써넣으세요.

2-1

5	$\times 0.5$	

2-2

8	$\times 0.74$	

2-3

14	$\times 0.7$	

2-4

6	$\times 0.48$	

2-5

24	$\times 0.9$	

2-6

43	$\times 0.25$	

제한 시간 10분

생활 속 계산

 몸무게는 몇 kg인지 구하세요.

3-1

영탁이의 몸무게:

34 × ☐ = ☐ (kg)

3-2

민하의 몸무게:

32 × ☐ = ☐ (kg)

3-3

정우의 몸무게: ☐ kg

3-4

아라의 몸무게: 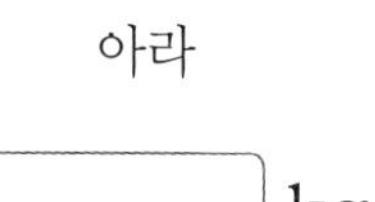 ☐ kg

문장 읽고 계산식 세우기

4-1 준희는 240 cm인 색 테이프의 0.6배만큼 사용했다면 사용한 색 테이프의 길이는 몇 cm인지?

식 240 × ☐ = ☐ (cm)

4-2 재호는 2 m인 리본 테이프의 0.73배만큼 사용했다면 사용한 리본 테이프의 길이는 몇 m인지?

식 ☐ × 0.73 = ☐ (m)

3주 3일

(자연수)×(소수) ③

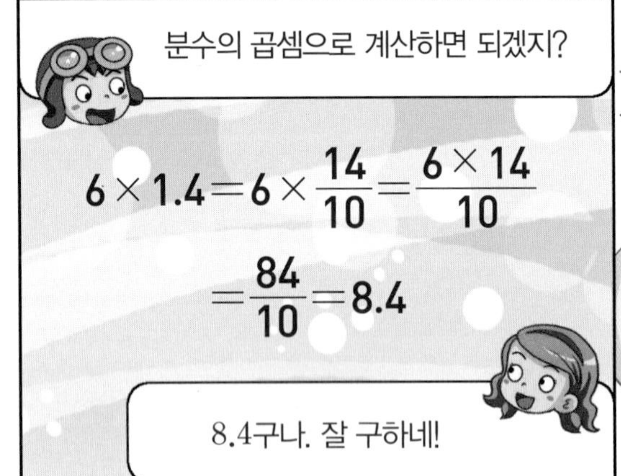

똑똑한 하루 계산법

• (자연수)×(1보다 큰 소수 한 자리 수)

예 6×1.4의 계산

방법 1 분수의 곱셈으로 계산하기

$$6\times1.4=6\times\frac{14}{10}=\frac{6\times14}{10}=\frac{84}{10}=8.4$$

방법 2 자연수의 곱셈으로 계산하기

$$6\times14=84$$

(14 → 1.4: $\frac{1}{10}$배, 84 → 8.4: $\frac{1}{10}$배)

$$6\times1.4=8.4$$

$$\begin{array}{r} 6 \\ \times\ 14 \\ \hline 84 \end{array} \Rightarrow \begin{array}{r} 6 \\ \times\ 1.4 \\ \hline 8.4 \end{array}$$

소수점 맞추어 찍는 것 잊지 마요!

똑똑한 계산 연습

▶정답 및 풀이 18쪽

제한 시간 5분

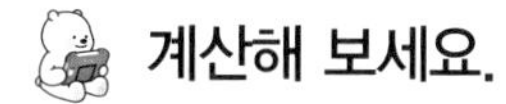

계산해 보세요.

❶

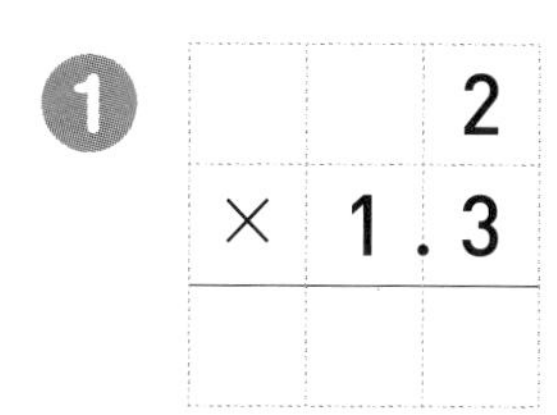

		2
×	1 .	3

❷

		4
×	2 .	1

❸

		3
×	3 .	2

❹

		6
×	1 .	2

❺

		3
×	4 .	1

❻

		5
×	5 .	5

❼

	2	3
×	1 .	1

❽

	1	7
×	5 .	6

❾

	1	2
×	3 .	4

⑩ 3×1.5

⑪ 4×2.8

⑫ 9×1.6

⑬ 17×2.3

⑭ 25×1.9

⑮ 32×4.3

3주 4일

(자연수)×(소수) ④

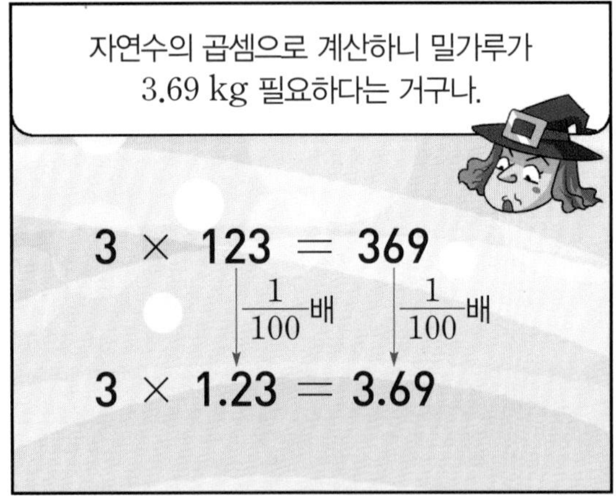

똑똑한 하루 계산법

- **(자연수)×(1보다 큰 소수 두 자리 수)**

㉮ 3×1.23의 계산

방법 1 분수의 곱셈으로 계산하기

$$3\times1.23=3\times\frac{123}{100}=\frac{3\times123}{100}=\frac{369}{100}=3.69$$

방법 2 자연수의 곱셈으로 계산하기

$$3\times123=369$$

$\frac{1}{100}$배 ↓ $\frac{1}{100}$배 ↓

$$3\times1.23=3.69$$

$$\begin{array}{r} 3 \\ \times\ 123 \\ \hline 369 \end{array} \Rightarrow \begin{array}{r} 3 \\ \times\ 1.23 \\ \hline 3.69 \end{array}$$

소수점을 맞추어 찍어야 해요.

제한 시간 6분

계산해 보세요.

❶

			3
×	2	. 3	2

❷

			5
×	1	. 2	7

❸

			7
×	1	. 1	8

❹

			6
×	1	. 4	3

❺

			4
×	1	. 9	2

❻

			9
×	1	. 3	3

❼

		1	5
×	1	. 2	1

❽

		3	1
×	2	. 1	4

❾

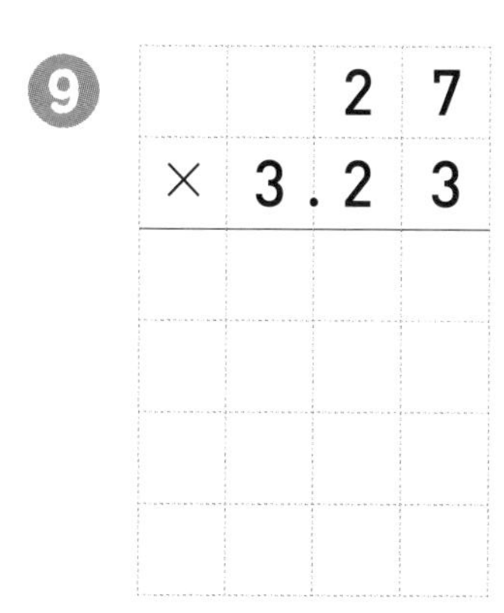

		2	7
×	3	. 2	3

❿ 4×2.37

⓫ 7×1.64

⓬ 9×3.22

⓭ 16×1.32

⓮ 23×3.24

⓯ 42×2.27

3주 4일

기초 집중 연습

□ 안에 알맞은 수를 써넣으세요.

1-1

$3 \times 14 = 42$

($\frac{1}{10}$배) ↓ ($\frac{1}{10}$배) ↓

$3 \times 1.4 = \square$

1-2

$4 \times 151 = 604$

($\frac{1}{100}$배) ↓ ($\frac{1}{100}$배) ↓

$4 \times 1.51 = \square$

1-3

$17 \times 22 = 374$

($\frac{1}{10}$배) ↓ ($\frac{1}{10}$배) ↓

$17 \times 2.2 = \square$

1-4

$21 \times 248 = 5208$

($\frac{1}{100}$배) ↓ ($\frac{1}{100}$배) ↓

$21 \times 2.48 = \square$

빈칸에 알맞은 수를 써넣으세요.

2-1

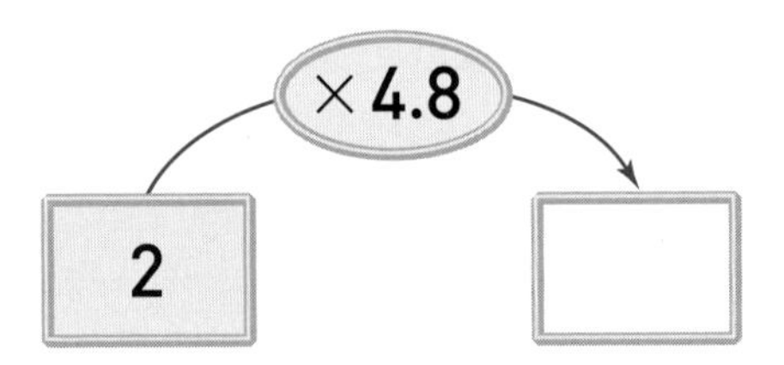

2-2

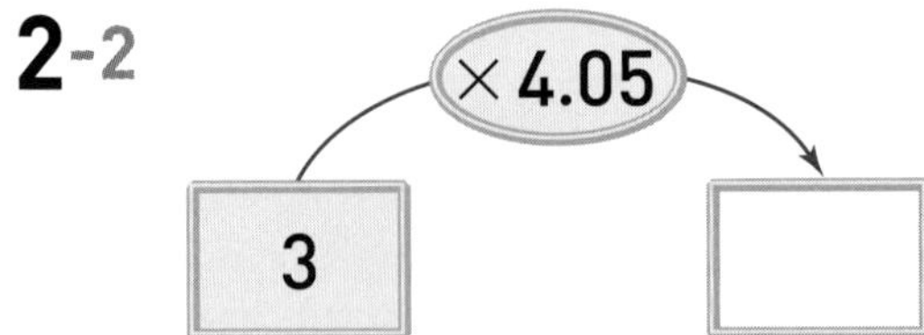

2-3

×3.6

14 → □

2-4

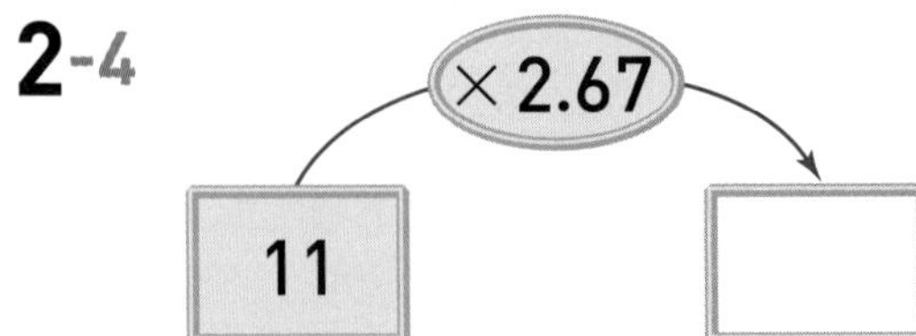

▶정답 및 풀이 19쪽

제한 시간 10분

생활 속 계산

 집에서 학교까지의 거리는 몇 km인지 구하세요.

3-1

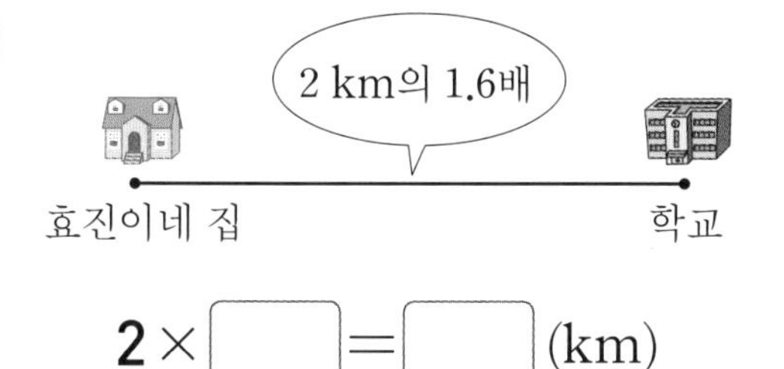

2 × ☐ = ☐ (km)

3-2

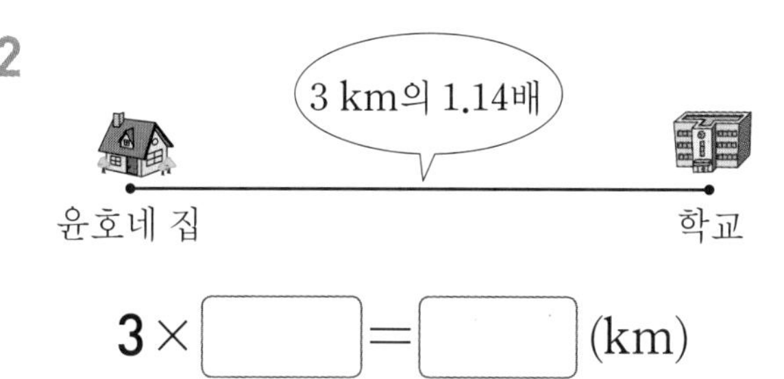

3 × ☐ = ☐ (km)

3-3

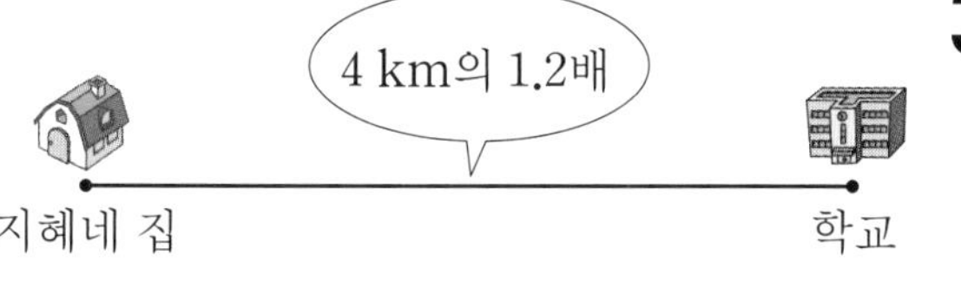

☐ km

3-4

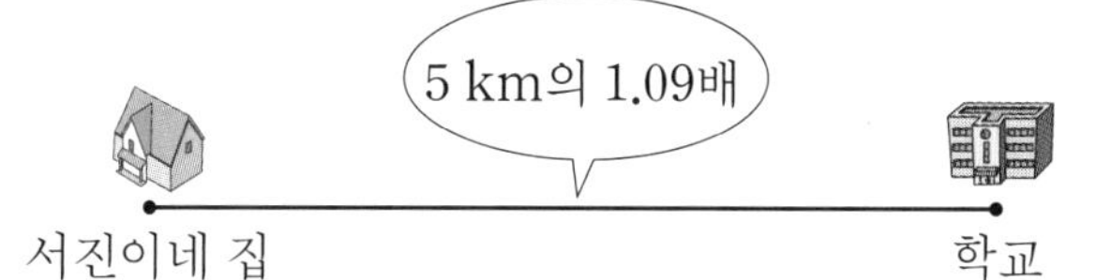

☐ km

3주 4일

문장 읽고 계산식 세우기

4-1 5의 3.3배는 얼마인지?

식 5 × ☐ = ☐

4-2 12의 2.48배는 얼마인지?

식 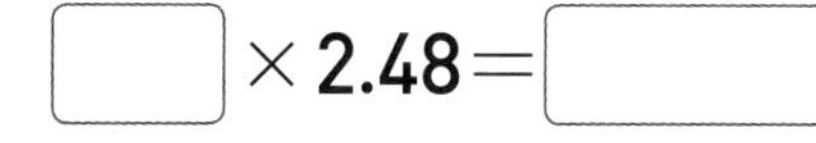 ☐ × 2.48 = ☐

4-3 굵기가 일정한 철근 1 m의 무게가 7 kg일 때 철근 2.4 m의 무게는 몇 kg인지?

식 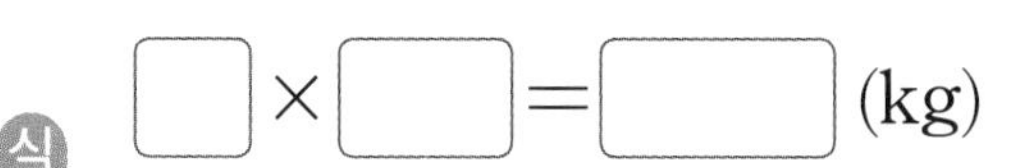 ☐ × ☐ = ☐ (kg)

4-4 고양이의 무게가 6 kg이고 강아지의 무게는 고양이의 무게의 1.34배라면 강아지의 무게는 몇 kg인지?

식 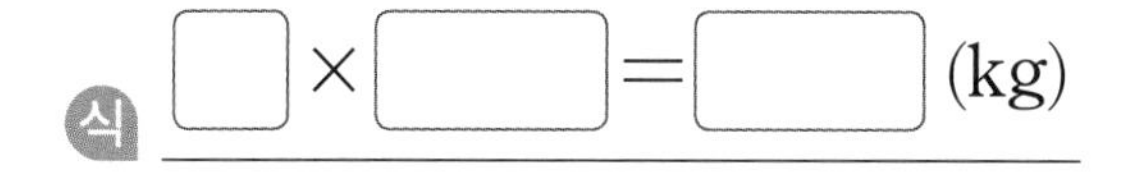 ☐ × ☐ = ☐ (kg)

(소수)×(소수) ①

분수의 곱셈으로 계산할 수 있어.

$$0.4\times0.7=\frac{4}{10}\times\frac{7}{10}$$
$$=\frac{28}{100}=0.28$$

똑똑한 하루 계산법

• **자릿수가 같은 1보다 작은 소수끼리의 곱셈**

예 0.4×0.7의 계산

방법 1 분수의 곱셈으로 계산하기

$$0.4\times0.7=\frac{4}{10}\times\frac{7}{10}=\frac{28}{100}=0.28$$

방법 2 자연수의 곱셈으로 계산하기

$$4\times7=28$$

($4 \to 0.4$: $\frac{1}{10}$배, $7 \to 0.7$: $\frac{1}{10}$배, $28 \to 0.28$: $\frac{1}{100}$배)

$$0.4\times0.7=0.28$$

$$\begin{array}{r} 4 \\ \times\ 7 \\ \hline 2\ 8 \end{array} \Rightarrow \begin{array}{r} 0.4 \\ \times\ 0.7 \\ \hline 0.2\ 8 \end{array}$$

0.4 ← 소수 한 자리 수
0.7 ← 소수 한 자리 수
0.28 ← 소수 두 자리 수

똑똑한 계산 연습

▶정답 및 풀이 19쪽

제한 시간 6분

계산해 보세요.

❶ $\begin{array}{r} 0.3 \\ \times\ 0.9 \\ \hline \end{array}$

❷ $\begin{array}{r} 0.2 \\ \times\ 0.2 \\ \hline \end{array}$

❸ $\begin{array}{r} 0.1 \\ \times\ 0.5 \\ \hline \end{array}$

❹ $\begin{array}{r} 0.8 \\ \times\ 0.4 \\ \hline \end{array}$

❺ $\begin{array}{r} 0.9 \\ \times\ 0.6 \\ \hline \end{array}$

❻ $\begin{array}{r} 0.2 \\ \times\ 0.9 \\ \hline \end{array}$

❼ $\begin{array}{r} 0.71 \\ \times\ 0.24 \\ \hline \end{array}$

❽ $\begin{array}{r} 0.53 \\ \times\ 0.52 \\ \hline \end{array}$

❾ $\begin{array}{r} 0.32 \\ \times\ 0.17 \\ \hline \end{array}$

❿ 0.3×0.3

⓫ 0.4×0.7

⓬ 0.9×0.9

⓭ 0.7×0.3

⓮ 0.25×0.43

⓯ 0.46×0.82

(소수)×(소수) ②

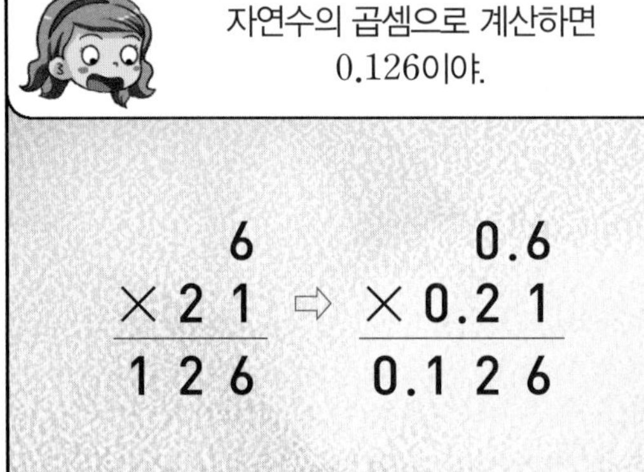

똑똑한 하루 계산법

• **자릿수가 다른 1보다 작은 소수끼리의 곱셈**

㉠ 0.6×0.21의 계산

방법 1 분수의 곱셈으로 계산하기

$$0.6\times0.21=\frac{6}{10}\times\frac{21}{100}=\frac{126}{1000}=0.126$$

방법 2 자연수의 곱셈으로 계산하기

$$6\times21=126$$

$\frac{1}{10}$배, $\frac{1}{100}$배, $\frac{1}{1000}$배

$$0.6\times0.21=0.126$$

$$\begin{array}{r} 6 \\ \times\ 21 \\ \hline 126 \end{array} \Rightarrow \begin{array}{r} 0.6 \\ \times\ 0.21 \\ \hline 0.126 \end{array}$$

0.6 ← 소수 한 자리 수
0.21 ← 소수 두 자리 수
0.126 ← 소수 세 자리 수

똑똑한 계산 연습

제한 시간 5분

계산해 보세요.

❶
		0	. 3
×	0	. 2	1

❷
		0	. 7
×	0	. 1	4

❸
		0	. 4
×	0	. 3	2

❹
		0	. 5
×	0	. 3	5

❺
		0	. 6
×	0	. 4	2

❻
		0	. 7
×	0	. 4	3

❼
	0	. 1	5
×		0	. 3

❽
	0	. 2	7
×		0	. 9

❾
	0	. 5	2
×		0	. 8

⑩ 0.2×0.16

⑪ 0.4×0.36

⑫ 0.7×0.42

⑬ 0.26×0.3

⑭ 0.31×0.5

⑮ 0.56×0.8

3주 5일

기초 집중 연습

 보기 와 같이 분수의 곱셈으로 계산해 보세요.

> 보기
>
> $0.5 \times 0.13 = \frac{5}{10} \times \frac{13}{100} = \frac{65}{1000} = 0.065$

1-1 0.7×0.12

1-2 0.41×0.3

 빈칸에 두 수의 곱을 써넣으세요.

2-1

0.6	0.8

2-2

0.14	0.8

2-3

0.5	0.7

2-4

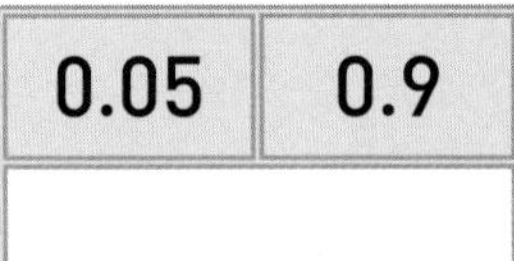

0.05	0.9

2-5

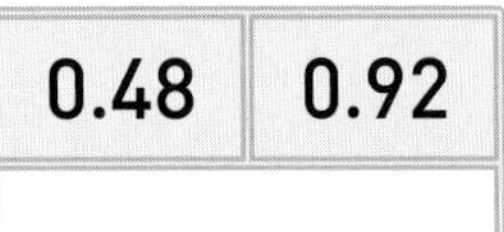

0.48	0.92

2-6

0.3	0.51

제한 시간 10분

생활 속 계산

모양을 만드는 데 사용한 점토의 무게는 몇 kg인지 구하세요.

3-1

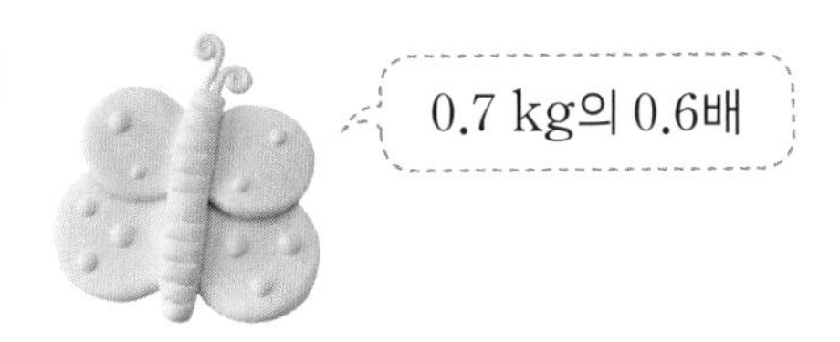

$0.7 \times \square = \square$ (kg)

3-2

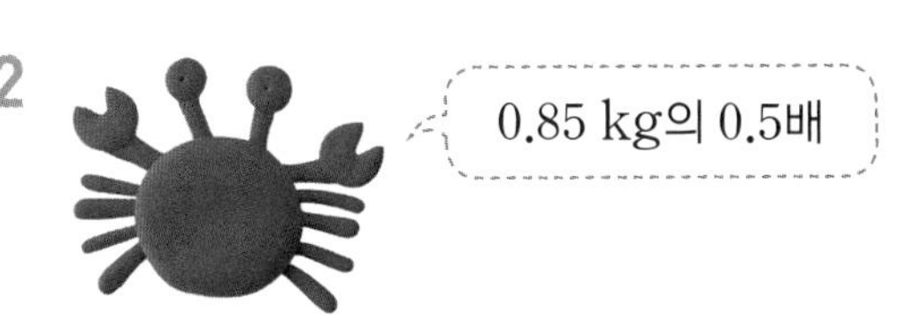

$\square \times 0.5 = \square$ (kg)

3-3

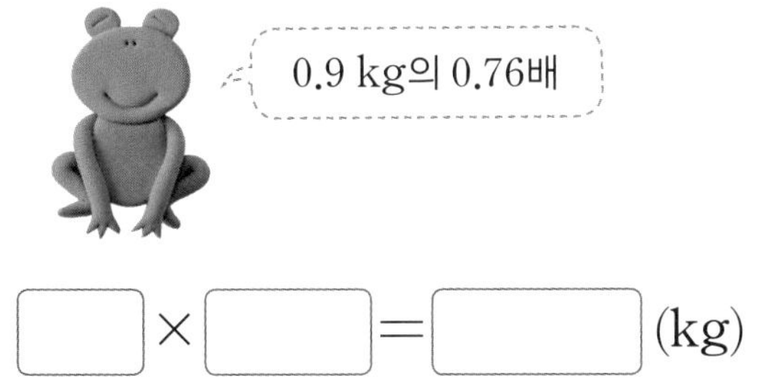

$\square \times \square = \square$ (kg)

3-4

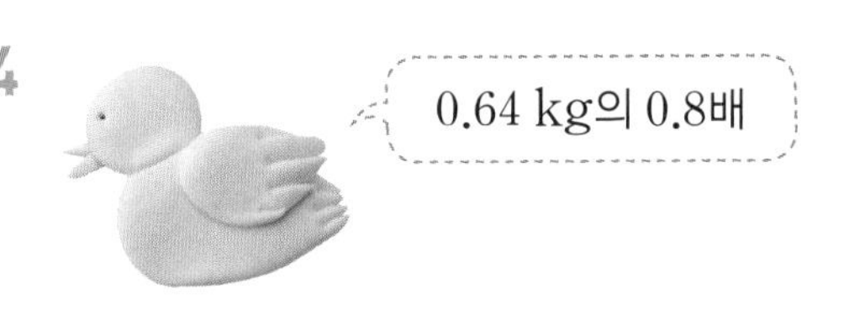

$\square \times \square = \square$ (kg)

문장 읽고 계산식 세우기

4-1

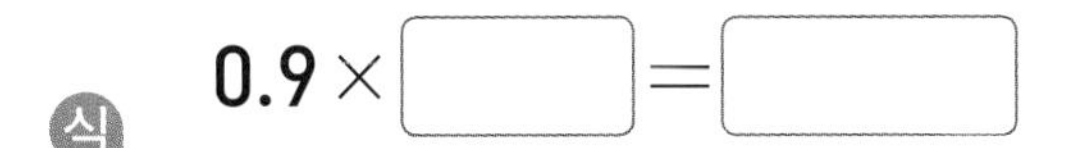

0.9의 0.54만큼은 얼마인지?

식 $0.9 \times \square = \square$

4-2

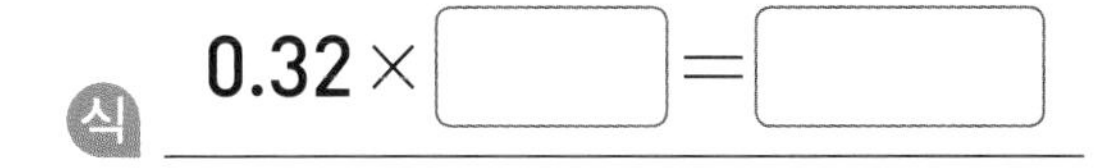

0.32의 0.48만큼은 얼마인지?

식 $0.32 \times \square = \square$

4-3

가로가 0.8 m, 세로가 0.4 m인 직사각형의 넓이는 몇 m^2인지?

식 $0.8 \times \square = \square$ (m^2)

4-4

밑변의 길이가 0.7 m, 높이가 0.63 m인 평행사변형의 넓이는 몇 m^2인지?

식 $\square \times 0.63 = \square$ (m^2)

누구나 100점 맞는 TEST

계산해 보세요.

❶ $\begin{array}{r} 0.4 \\ \times \quad 7 \\ \hline \end{array}$

❷ $\begin{array}{r} 0.27 \\ \times \quad 8 \\ \hline \end{array}$

❸ $\begin{array}{r} 2.9 \\ \times \quad 5 \\ \hline \end{array}$

❹ $\begin{array}{r} 1.58 \\ \times \quad 4 \\ \hline \end{array}$

❺ $\begin{array}{r} 36 \\ \times \ 0.6 \\ \hline \end{array}$

❻ $\begin{array}{r} 5 \\ \times \ 0.33 \\ \hline \end{array}$

❼ $\begin{array}{r} 17 \\ \times \ 4.2 \\ \hline \end{array}$

❽ $\begin{array}{r} 21 \\ \times \ 2.35 \\ \hline \end{array}$

❾ $\begin{array}{r} 0.6 \\ \times \ 0.8 \\ \hline \end{array}$

❿ $\begin{array}{r} 0.52 \\ \times \quad 0.7 \\ \hline \end{array}$

⑪ 0.6×23

⑫ 0.37×5

⑬ 2.1×16

⑭ 3.23×4

⑮ 4×0.8

⑯ 32×0.34

⑰ 22×1.9

⑱ 7×2.68

⑲ 0.81×0.27

⑳ 0.6×0.63

제한 시간 안에 정확하게 모두 풀었다면
여러분은 진정한 **계산왕!**

창의 · 융합 · 코딩

철근을 자르는 데 걸리는 시간은?

창의 1 철근을 쉬지 않고 자르면 모두 몇 분이 걸리는지 구하세요.

각 철근을 쉬지 않고 자르는 데 걸린 시간을 구해 봐요.

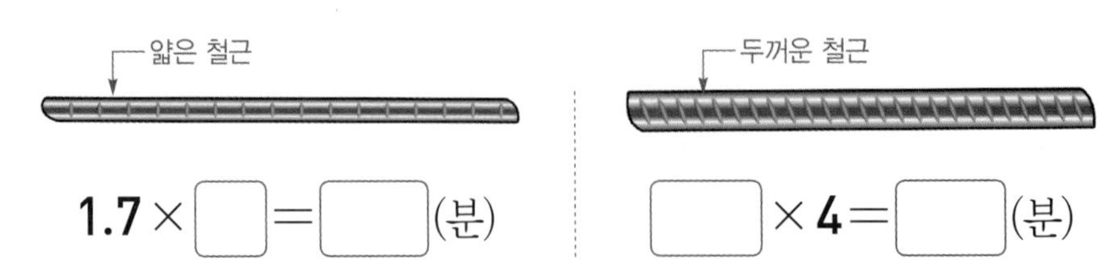

$1.7 \times \square = \square$ (분)

$\square \times 4 = \square$ (분)

▶정답 및 풀이 21쪽

공이 튀어 올랐을 때의 높이는?

융합 2 공이 땅에 두 번 닿았다가 튀어 올랐을 때의 높이는 몇 cm인지 구하세요.

이 공은 땅에 닿으면 떨어진 높이의 0.6만큼 튀어 오른대~.
높은 위치에서 공을 떨어뜨리면 높게 튀어 오르겠구나~.
나는 120 cm에서 공을 떨어뜨릴게.
120 cm
몇 cm 높이만큼 튀어 올랐어?
내가 컴퓨터도 아니고 보자마자 어떻게 알아.
계산을 해보자구나

첫 번째로 튀어 오른 높이는 $120 \times \square = \square$ (cm)니까…….

두 번째로 튀어 오른 높이는 $\square \times 0.6 = \square$ (cm)야.

답 ____________ cm

창의·융합·코딩

주어진 식의 계산 결과를 길을 타고 내려가서 도착한 곳에 알맞게 써넣으세요.

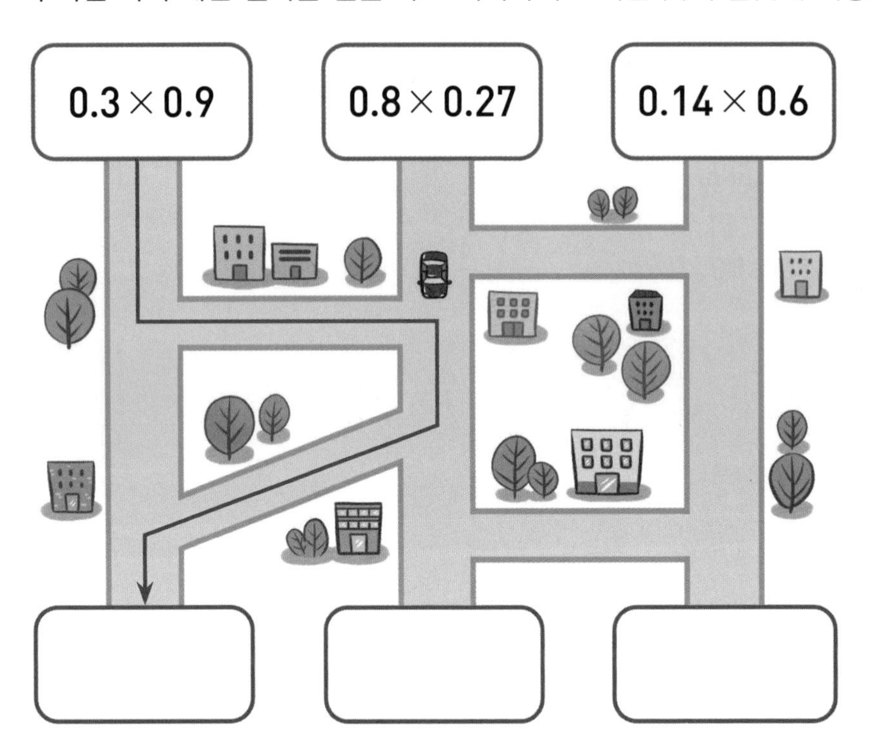

길을 따라 내려가다가
가로로 있는 길을 만나면
가로로 있는 길을 따라
맨 아래까지 내려가요.

융합 4 같은 빠르기로 자동차가 달린 거리는 몇 km인지 식을 쓰고 답을 구하세요.

한 시간에 달릴 수 있는 거리: 72.3 km
달린 시간: 4시간

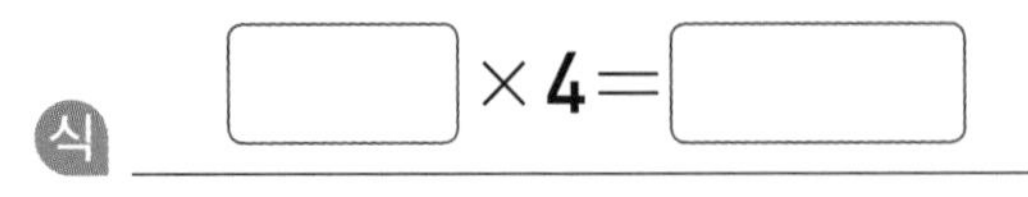

식 ______________ 답 ______________ km

▶정답 및 풀이 21쪽

창의 5 다음과 같이 화살표 규칙에 따라 ⬭ 안에 알맞은 수를 써넣으세요.

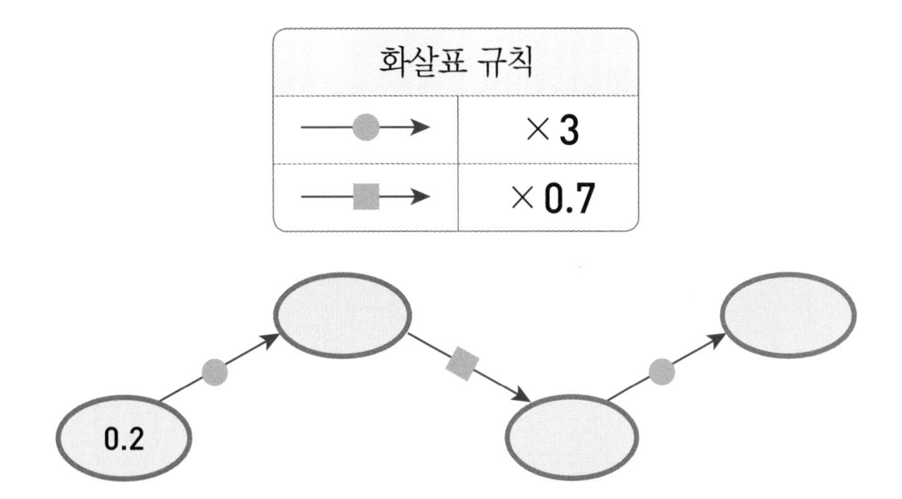

창의 6 가로 또는 세로의 곱셈식을 계산하여 빈칸에 알맞은 수를 써넣으세요.

가로 →, 세로 ↓

0.5	×	8	=	
×		×		×
6	×	1.2	=	
‖		‖		‖
3	×		=	

창의·융합·코딩

보기 와 같이 블록 명령에 따라 자동차가 지나가는 길 위에 있는 두 소수의 곱을 구하세요.

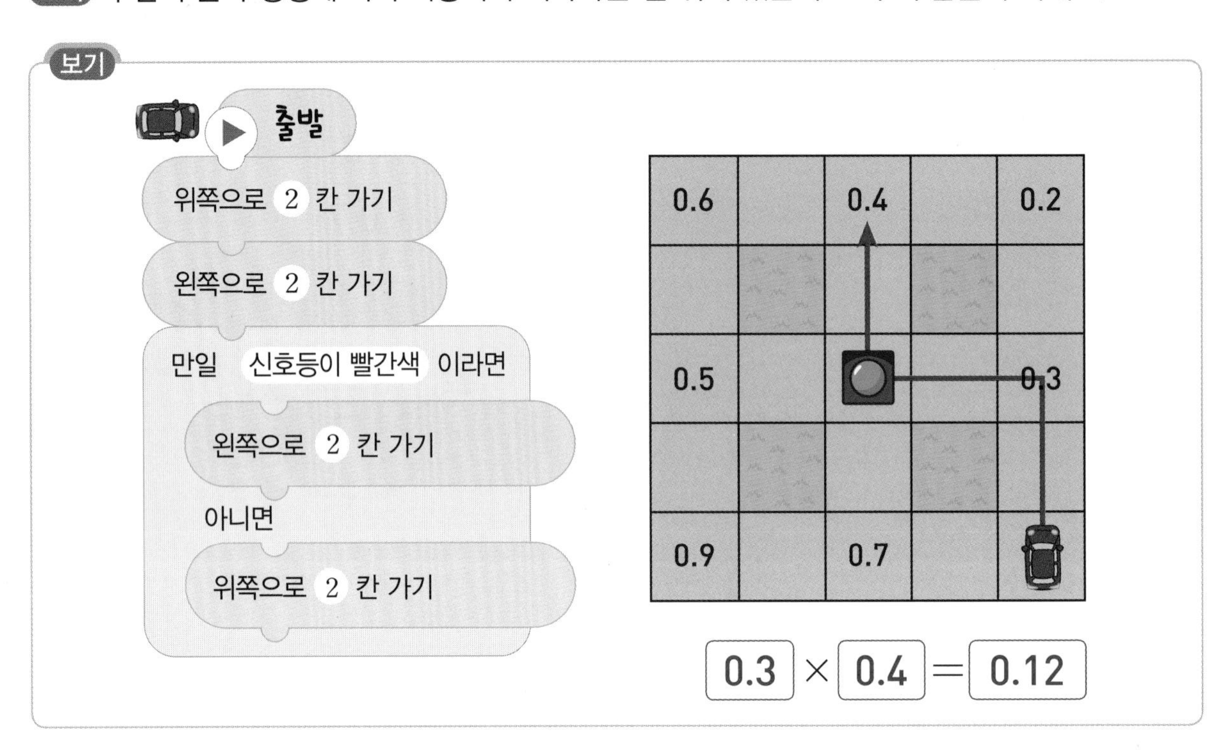

위쪽으로 4 칸 가기

만일 신호등이 초록색 이라면

왼쪽으로 2 칸 가기

아니면

오른쪽으로 2 칸 가기

0.6				0.5
0.13		0.15		0.14
0.2				0.4

▶정답 및 풀이 21쪽

1파운드는 0.453 kg일 때 볼링공의 무게는 몇 kg인지 구하세요.

볼링공	8 (8파운드)	11 (11파운드)
무게	□ kg	□ kg

파운드는 영국 표준 시스템에서 사용하는 무게의 단위예요.

한라산 입구에서 진솔이네 집까지의 거리는 한라산 입구에서 유정이네 집까지의 거리의 2.8배입니다. 한라산 입구에서 진솔이네 집까지의 거리는 몇 km인지 구하세요.

답 ____________ km

4주 소수의 곱셈 (2)~평균

허술도사랑 크게 다투고 나서 그가 나를 수학비급과 함께 이 섬에 가둬 버렸어.

수학비급을 찾아야 섬에서 나갈 수 있는 도술에 걸렸는데 나도 그게 어디 있는지 몰라.

수학비급이 있는 곳이라면 저희가 알고 있으니 찾아올게요.
정말? 그렇다면 비급 상자의 열쇠를 너희에게 줄게.

도사님이 주신 지도에는 분명 섬의 중심에 수학비급을 숨겨놨다고 하셨어.
N
W
E
S

섬의 중심은 바로 저 곳이야. 내가 유일하게 가 보지 않은 곳이지.
왜 안 가 보셨어요?

거긴 너무 추워서 내 백옥같은 피부가 건조해지잖아.
정말 대단한 이유네요.

너희가 거기로 갈 수 있도록 새를 빌려줄게.
체중계로 몸무게를 재서 몸무게의 평균이 5가 넘으면 새가 날 수 없어.

자료의 값을 모두 더해 자료의 수로 나누면 평균을 구할 수 있지.
10
6
5
(평균)=(10+6+5)÷3
=21÷3=7

저런 7이 나왔네. 안타깝지만…….
잠깐! 제가 배낭을 내려놓고 다시 재 볼게요.

4주에 배울 내용을 알아볼까요? ①

- 1일 (소수)×(소수) (2)
- 2일 곱의 소수점 위치
- 3일 평균 구하기
- 4일 평균 비교하기
- 5일 평균 이용하기

다시 계산해보니 딱 5가 나오네! 출발하자.
아니 배낭을 얼마나 무겁게 들고 있던 거야?

이렇게 가면 섬 중심으로 단숨에 갈 수 있겠어.

저기 굴이 보인다!

으스스한 느낌이 드는데…….

여기까지 왔다는 것은 전설의 수학비급을 찾으러 온 거군.
헉! 말하는 용이다!

저는 맛없는 돼지예요! 요즘 다이어트를 해서 맛이 없어요!
다이어트 했었…어…?

요즘은 인간이 더 맛있는 거 아세요?
뭔 소리야!

여기까지 오느라 고생했다. 허술도사가 맡긴 수학비급이 들어 있는 상자를 주마.
마녀에게 받은 열쇠로 열어 보자!

번쩍

오호호! 고생했다. 꼬마들아~. 수학비급은 내가 가져가마.
헉! 마녀야.

4주에 배울 내용을 알아볼까요? ②

5-2 1보다 작은 소수끼리의 곱셈

살이 너무 쪘어.
밥 양을 0.2 kg의
0.9배로 줄여야겠어.
나도 밥 양을
0.9배로 줄여야겠어!
2 × 9 = 18 ⇨ 0.2 × 0.9 = 0.18

0.2는 2의 $\frac{1}{10}$배이고,
0.9는 9의 $\frac{1}{10}$배이므로~.

0.2×0.9는 2×9의 $\frac{1}{100}$배가 돼요.

계산해 보세요.

1-1

	0.7
×	0.3

1-2

	0.8
×	0.6

1-3

	0.14
×	0.3

1-4

	0.26
×	0.4

4-2 꺾은선그래프

2일의 강낭콩 싹의 키는 2 cm와 4 cm 사이로 답하면 정답이에요.

강낭콩 싹의 키가 가장 많이 자란 때는 선이 가장 많이 기울어진 5일과 7일 사이예요.

고구마 싹의 키를 조사하여 나타낸 꺾은선그래프입니다. 물음에 답하세요.

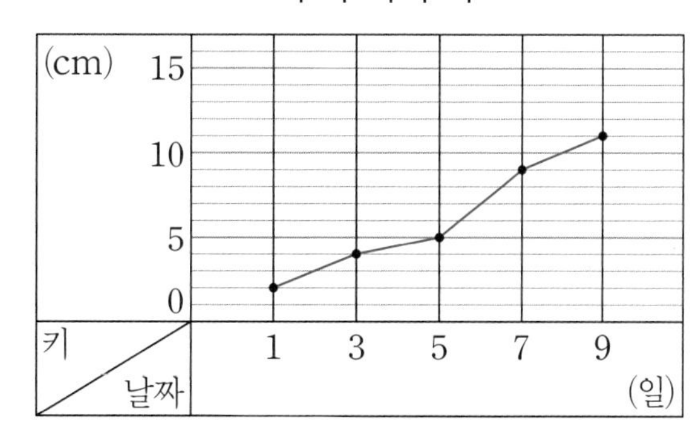

2-1 8일의 고구마 싹의 키는 몇 cm였을 것이라고 예상할 수 있나요?

__________ cm

2-2 고구마 싹의 키가 가장 많이 자란 때는 며칠과 며칠 사이일까요?

__________ 일과 __________ 일 사이

(소수)×(소수) ③

분수의 곱셈으로 계산하면
3.25 L 마시면 돼.

$$2.5\times1.3=\frac{25}{10}\times\frac{13}{10}$$
$$=\frac{325}{100}=3.25$$

똑똑한 하루 계산법

• **자릿수가 같은 1보다 큰 소수끼리의 곱셈**

예 2.5×1.3의 계산

방법 1 분수의 곱셈으로 계산하기

$$2.5\times1.3=\frac{25}{10}\times\frac{13}{10}=\frac{325}{100}=3.25$$

방법 2 자연수의 곱셈으로 계산하기

$$25\times13=325$$

($\frac{1}{10}$배, $\frac{1}{10}$배, $\frac{1}{100}$배)

$$2.5\times1.3=3.25$$

```
  2 5          2.5  ← 소수 한 자리 수
× 1 3   ⇨    × 1.3  ← 소수 한 자리 수
-----        -----
3 2 5        3.2 5  ← 소수 두 자리 수
```

똑똑한 계산 연습

제한 시간 6분

□ 안에 알맞은 수를 써넣으세요.

❶ $1.5 \times 3.3 = \frac{\square}{10} \times \frac{\square}{10} = \frac{\square}{100} = \square$

❷ $5.7 \times 6.5 = \frac{\square}{10} \times \frac{\square}{10} = \frac{\square}{100} = \square$

계산해 보세요.

❸ $\begin{array}{r} 2.6 \\ \times\ 1.2 \\ \hline \end{array}$

❹ $\begin{array}{r} 3.1 \\ \times\ 2.4 \\ \hline \end{array}$

❺ 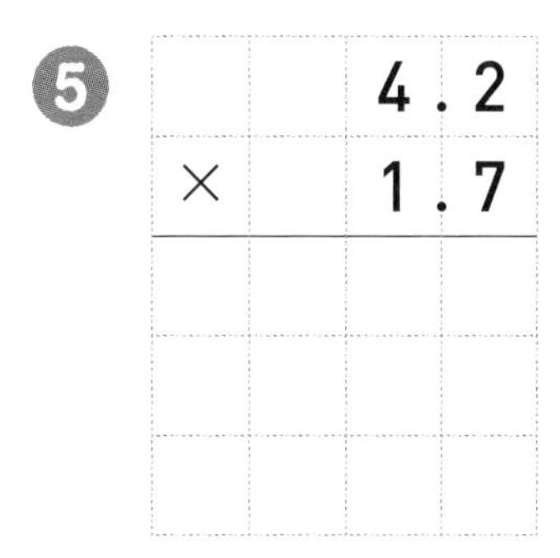

$\begin{array}{r} 4.2 \\ \times\ 1.7 \\ \hline \end{array}$

❻ $\begin{array}{r} 7.5 \\ \times\ 2.3 \\ \hline \end{array}$

❼ $\begin{array}{r} 4.3 \\ \times\ 6.2 \\ \hline \end{array}$

❽ $\begin{array}{r} 5.9 \\ \times\ 3.7 \\ \hline \end{array}$

❾ $\begin{array}{r} 6.4 \\ \times\ 2.4 \\ \hline \end{array}$

❿ $\begin{array}{r} 8.7 \\ \times\ 3.6 \\ \hline \end{array}$

⓫ $\begin{array}{r} 9.6 \\ \times\ 4.8 \\ \hline \end{array}$

(소수)×(소수) ④

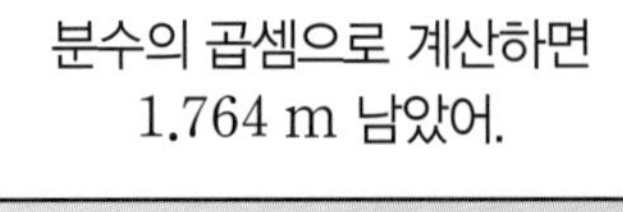

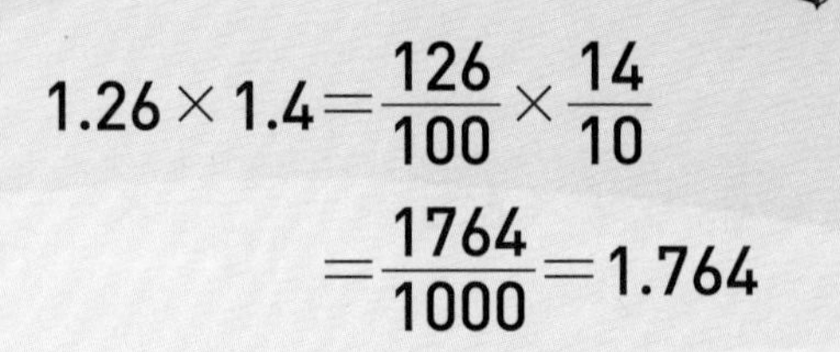

똑똑한 하루 계산법

- **자릿수가 다른 1보다 큰 소수끼리의 곱셈**

예 1.26×1.4의 계산

방법 1 분수의 곱셈으로 계산하기

$$1.26\times1.4=\frac{126}{100}\times\frac{14}{10}=\frac{1764}{1000}=1.764$$

방법 2 자연수의 곱셈으로 계산하기

$$126\times14=1764$$

↓ $\frac{1}{100}$배 ↓ $\frac{1}{10}$배 ↓ $\frac{1}{1000}$배

$$1.26\times1.4=1.764$$

$$\begin{array}{r} 126 \\ \times\ 14 \\ \hline 1764 \end{array} \Rightarrow \begin{array}{r} 1.26 \\ \times\ 1.4 \\ \hline 1.764 \end{array}$$

1.26 ← 소수 두 자리 수
1.4 ← 소수 한 자리 수
1.764 ← 소수 세 자리 수

똑똑한 계산 연습

▶정답 및 풀이 22쪽

제한 시간 6분

☐ 안에 알맞은 수를 써넣으세요.

❶ $2.24 \times 3.7 = \frac{\square}{100} \times \frac{\square}{10} = \frac{\square}{1000} = \square$

❷ $5.3 \times 2.19 = \frac{\square}{10} \times \frac{\square}{100} = \frac{\square}{1000} = \square$

계산해 보세요.

❸
$$\begin{array}{r} 1.14 \\ \times \quad 2.3 \\ \hline \end{array}$$

❹
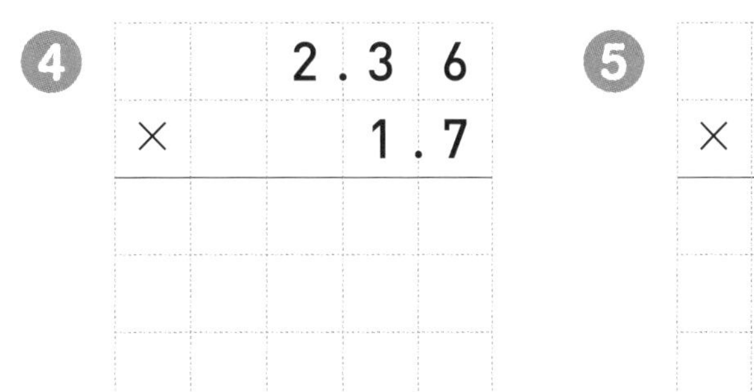

$$\begin{array}{r} 2.36 \\ \times \quad 1.7 \\ \hline \end{array}$$

❺
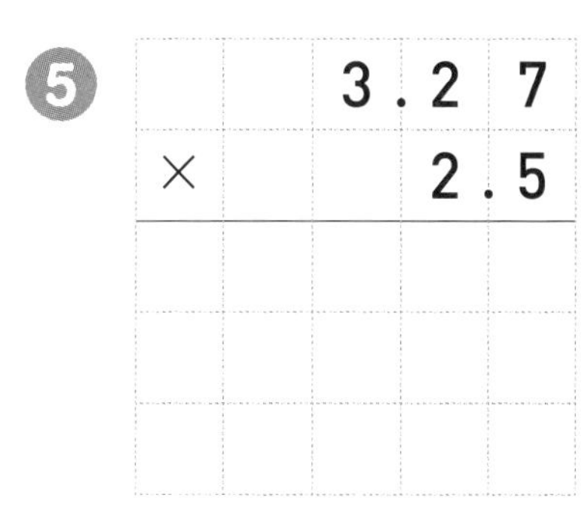

$$\begin{array}{r} 3.27 \\ \times \quad 2.5 \\ \hline \end{array}$$

❻
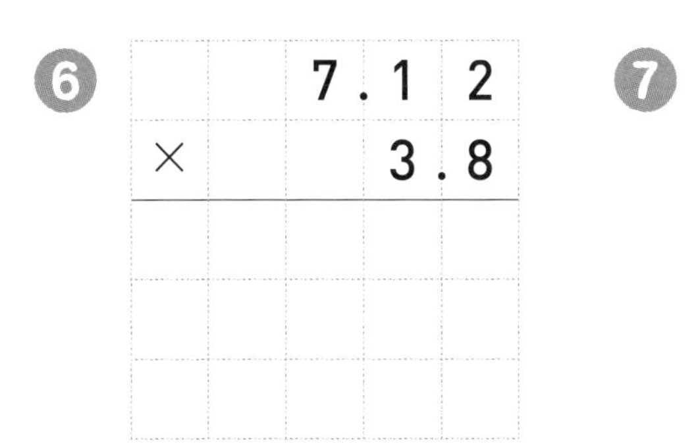

$$\begin{array}{r} 7.12 \\ \times \quad 3.8 \\ \hline \end{array}$$

❼
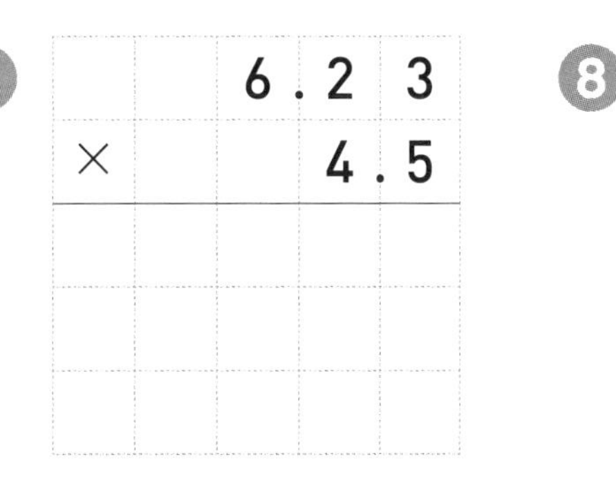

$$\begin{array}{r} 6.23 \\ \times \quad 4.5 \\ \hline \end{array}$$

❽
$$\begin{array}{r} 5.7 \\ \times \quad 6.03 \\ \hline \end{array}$$

❾
$$\begin{array}{r} 2.9 \\ \times \quad 1.38 \\ \hline \end{array}$$

❿
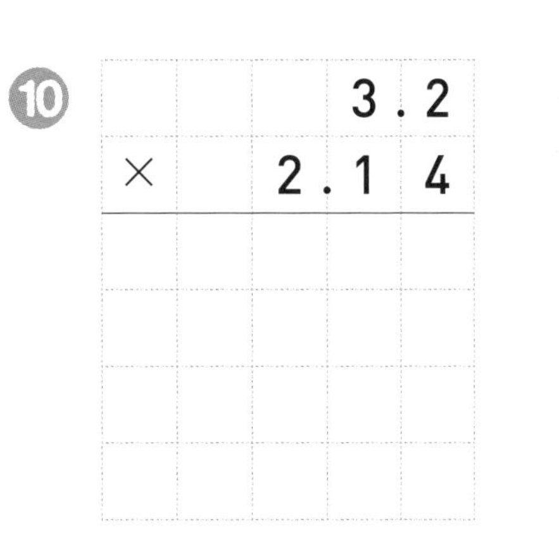

$$\begin{array}{r} 3.2 \\ \times \quad 2.14 \\ \hline \end{array}$$

⓫
$$\begin{array}{r} 4.6 \\ \times \quad 3.58 \\ \hline \end{array}$$

기초 집중 연습

빈칸에 알맞은 수를 써넣으세요.

1-1

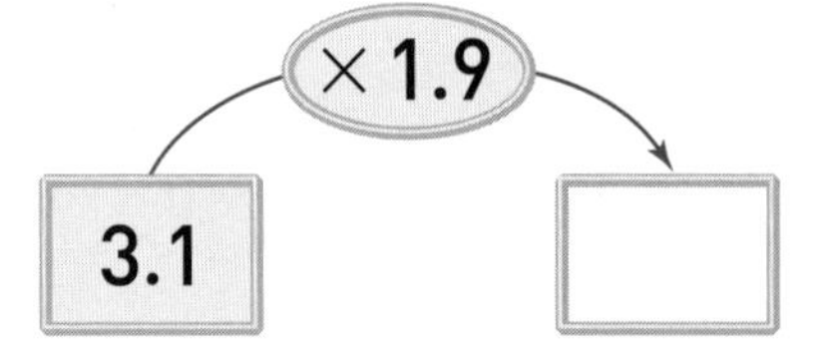

1-2

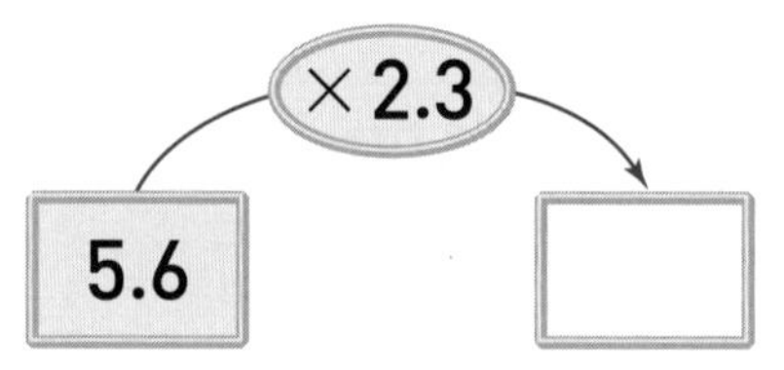

1-3

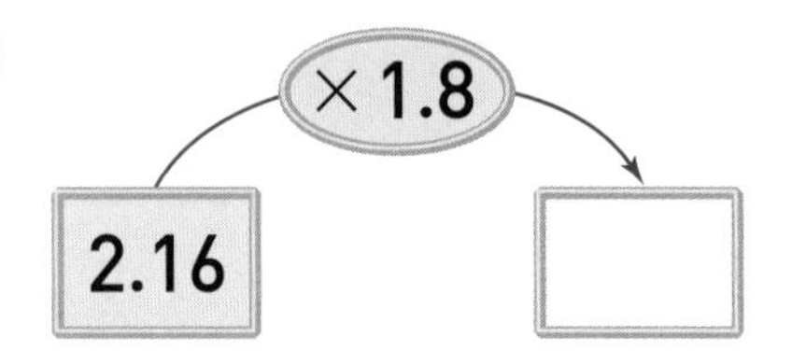

1-4

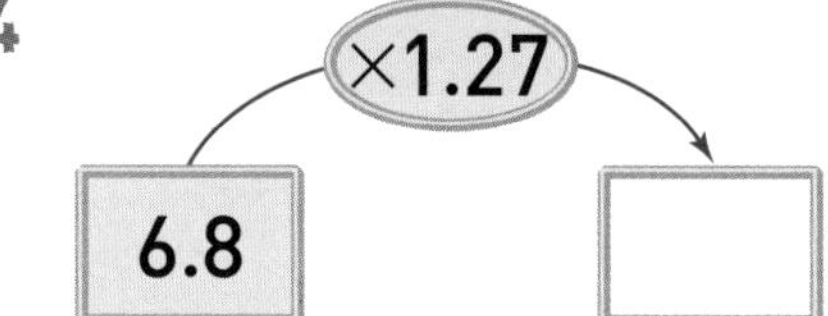

빈칸에 두 수의 곱을 써넣으세요.

2-1

3.4	4.1

2-2

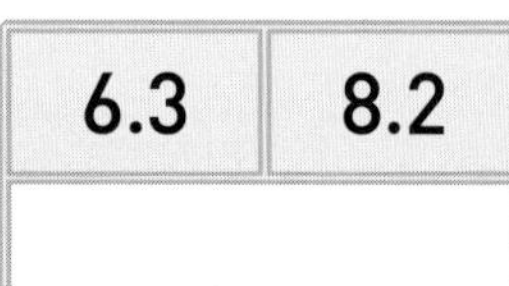

6.3	8.2

2-3

3.12	4.5

2-4

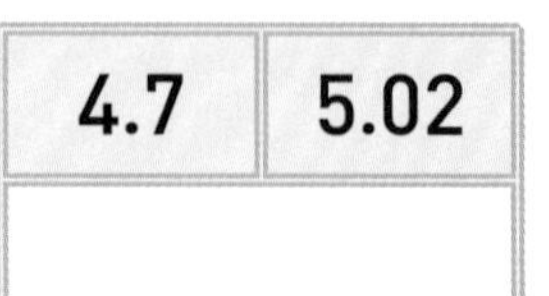

4.7	5.02

제한 시간 10분

생활 속 계산

 양을 늘린 세제의 양을 구하세요.

3-1

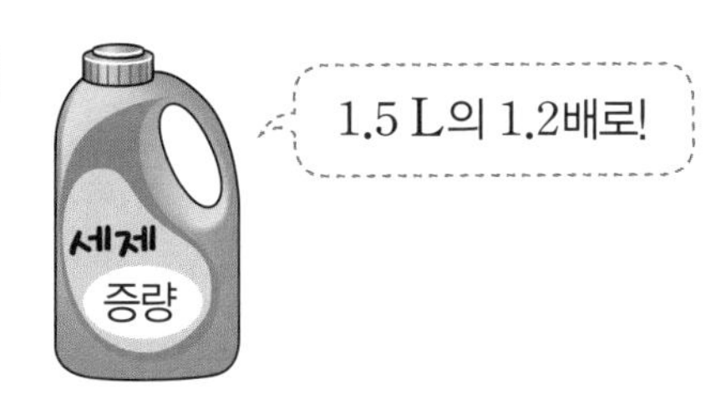

1.5 × ☐ = ☐ (L)

3-2

☐ × ☐ = ☐ (L)

3-3

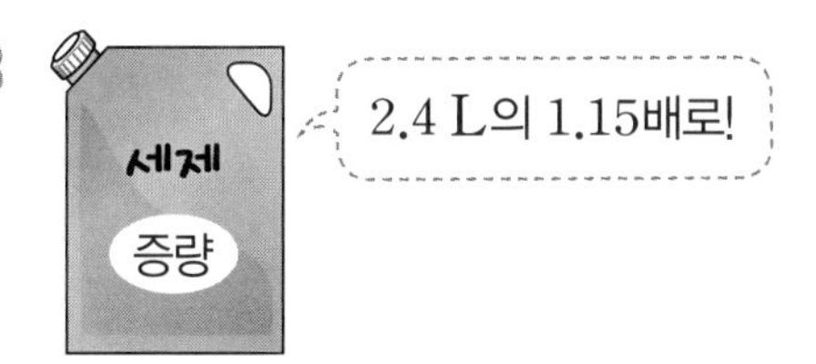

2.4 × ☐ = ☐ (L)

3-4

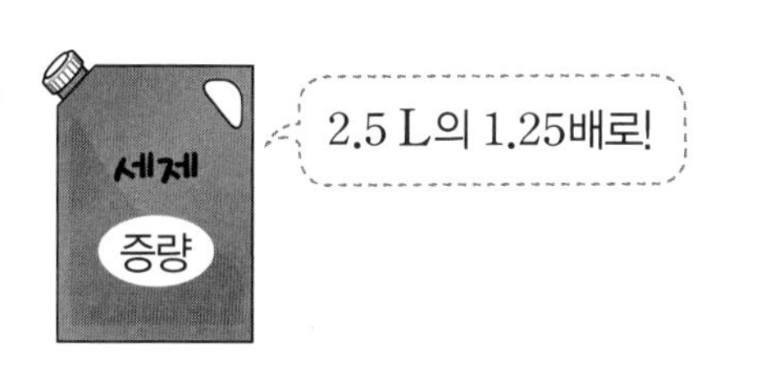

☐ × ☐ = ☐ (L)

문장 읽고 계산식 세우기

4-1 고양이의 무게는 3.5 kg이고, 강아지의 무게는 고양이 무게의 1.1배일 때 강아지의 무게는 몇 kg?

식 3.5 × ☐ = ☐ (kg)

4-2 일정한 빠르기로 1분 동안 7.4 L의 물이 나오는 수도로 3.25분 동안 받은 물의 양은 몇 L?

식 7.4 × ☐ = ☐ (L)

2일 곱의 소수점 위치 ①

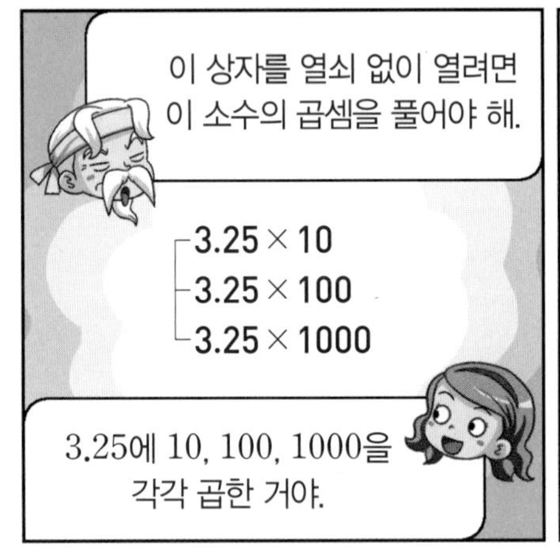

똑똑한 하루 계산법

• **자연수와 소수의 곱셈에서 곱의 소수점 위치의 규칙 찾기**

예 3.25에 10, 100, 1000 곱하기

$3.25 \times 1 = 3.25$

$3.25 \times 10 = 32.5$

$3.25 \times 100 = 325$

$3.25 \times 1000 = 3250$

곱하는 수의 0이 하나씩 늘어날 때마다
⇨ 곱의 소수점이 **오른쪽으로 한 자리씩** 옮겨짐.

예 214에 0.1, 0.01, 0.001 곱하기

$214 \times 1 = 214$

$214 \times 0.1 = 21.4$

$214 \times 0.01 = 2.14$

$214 \times 0.001 = 0.214$

곱하는 소수의 소수점 아래 자리 수가 하나씩 늘어날 때마다
⇨ 곱의 소수점이 **왼쪽으로 한 자리씩** 옮겨짐.

똑똑한 계산 연습

▶정답 및 풀이 23쪽

제한 시간 5분

계산해 보세요.

❶
- $2.597 \times 10 = \square$
- $2.597 \times 100 = \square$
- $2.597 \times 1000 = \square$

❷
- $10 \times 7.34 = \square$
- $100 \times 7.34 = \square$
- $1000 \times 7.34 = \square$

❸
- $0.435 \times 10 = \square$
- $0.435 \times 100 = \square$
- $0.435 \times 1000 = \square$

❹
- $20 \times 1.63 = \square$
- $200 \times 1.63 = \square$
- $2000 \times 1.63 = \square$

❺
- $368 \times 0.1 = \square$
- $368 \times 0.01 = \square$
- $368 \times 0.001 = \square$

❻
- $0.1 \times 7 = \square$
- $0.01 \times 7 = \square$
- $0.001 \times 7 = \square$

❼
- $83 \times 0.1 = \square$
- $83 \times 0.01 = \square$
- $83 \times 0.001 = \square$

❽
- $0.5 \times 13 = \square$
- $0.05 \times 13 = \square$
- $0.005 \times 13 = \square$

곱의 소수점 위치 ②

마녀가 답을 알아내서 비급 상자를 열게 해선 안 돼!

도술해제권!
마녀에게서 곱셈식이 나왔어.
5×3=15
이 도롱뇽 녀석이 내게 무슨 짓이냐!

저 자연수의 곱셈을 보고 0.5×0.3을 풀면 마녀의 도술이 풀려.
도술이 풀릴 때 정신이 없을테니 그때 비급 상자를 찾거라!

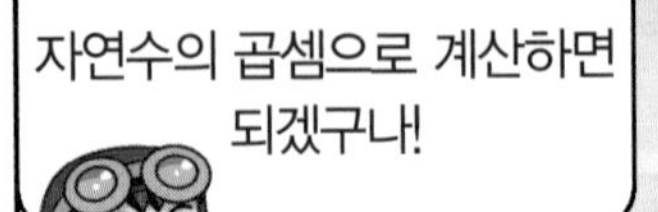

자연수의 곱셈으로 계산하면 되겠구나!

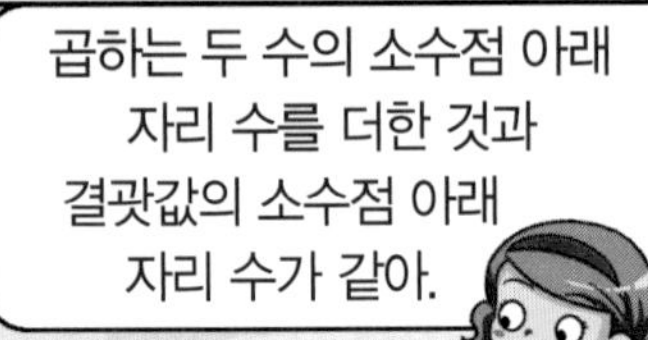

곱하는 두 수의 소수점 아래 자리 수를 더한 것과 결괏값의 소수점 아래 자리 수가 같아.

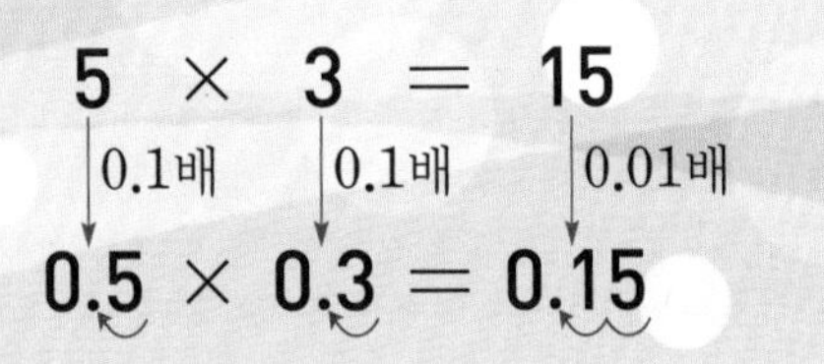

꺄악! 도술이 풀린다!

헉! 할머니로 변했어!
저게 마녀의 본래 모습이야.
펑

똑똑한 하루 계산법

- **소수끼리의 곱셈에서 곱의 소수점 위치의 규칙 찾기**

예 5×3의 계산을 이용하여 곱의 소수점 위치의 규칙 찾기

$$5 \times 3 = 15$$

$$0.5 \times 0.3 = 0.15$$

소수 한 자리 수 / 소수 한 자리 수 / 소수 두 자리 수

$$0.5 \times 0.03 = 0.015$$

소수 한 자리 수 / 소수 두 자리 수 / 소수 세 자리 수

$$0.05 \times 0.03 = 0.0015$$

소수 두 자리 수 ⊕ 소수 두 자리 수 → 소수 네 자리 수

곱하는 두 수의 소수점 아래 자리 수를 더한 것과 결괏값의 소수점 아래 자리 수가 같아요.

똑똑한 계산 연습

제한 시간 5분

자연수의 곱셈을 보고, ☐ 안에 알맞은 수를 써넣으세요.

❶ $3 \times 7 = 21$

$0.3 \times 0.7 =$ ☐

$0.3 \times 0.07 =$ ☐

❷ $12 \times 6 = 72$

$1.2 \times 0.6 =$ ☐

$0.12 \times 0.6 =$ ☐

❸ $16 \times 4 = 64$

$1.6 \times 0.4 =$ ☐

$1.6 \times 0.04 =$ ☐

❹ $9 \times 25 = 225$

$0.9 \times 2.5 =$ ☐

$0.09 \times 2.5 =$ ☐

❺ $51 \times 16 = 816$

$5.1 \times 1.6 =$ ☐

$5.1 \times 0.16 =$ ☐

❻ $24 \times 17 = 408$

$2.4 \times 0.17 =$ ☐

$0.24 \times 0.17 =$ ☐

❼ $101 \times 37 = 3737$

$1.01 \times 3.7 =$ ☐

$1.01 \times 0.37 =$ ☐

❽ $238 \times 15 = 3570$

$23.8 \times 1.5 =$ ☐

$2.38 \times 0.15 =$ ☐

2일

기초 집중 연습

빈칸에 알맞은 수를 써넣으세요.

1-1 **1-2**

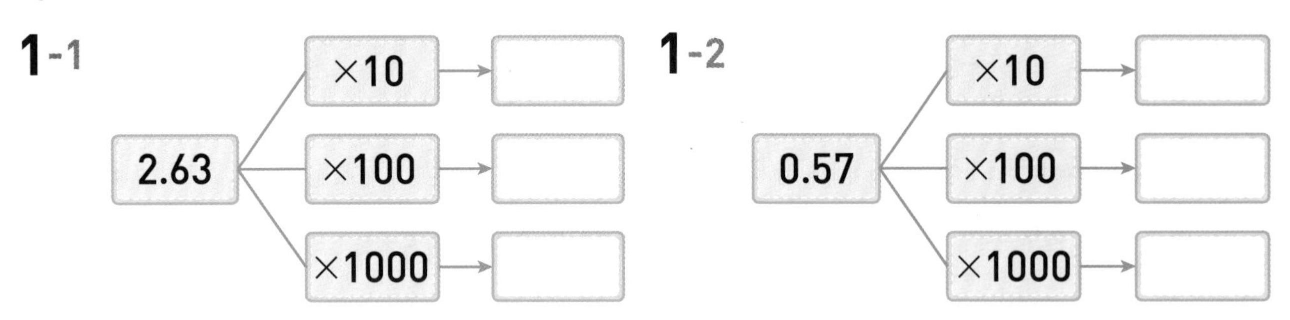

1-3 **1-4**

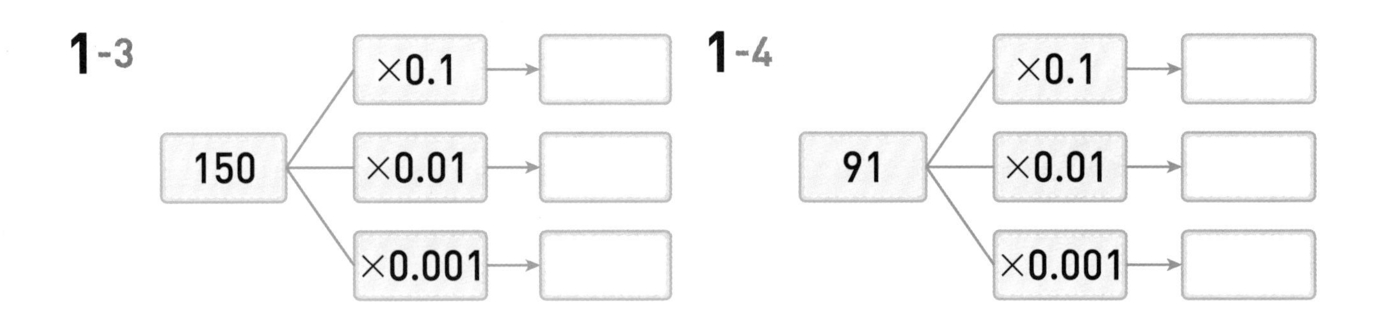

계산 결과를 찾아 선으로 이어 보세요.

2-1

0.3×1.8 •	• 0.0054
0.3×0.18 •	• 0.054
0.03×0.18 •	• 0.54

2-2

1.2×2.3 •	• 0.0276
0.12×2.3 •	• 2.76
0.12×0.23 •	• 0.276

제한 시간 10분

생활 속 계산

상자 한 개의 무게가 다음과 같을 때, 상자 10개, 100개, 1000개의 무게를 각각 구하세요.

3-1

한 개의 무게가 0.96 kg이에요.

(10개의 무게)=☐ kg

(100개의 무게)=☐ kg

(1000개의 무게)=☐ kg

3-2

한 개의 무게가 1.05 kg이에요.

(10개의 무게)=☐ kg

(100개의 무게)=☐ kg

(1000개의 무게)=☐ kg

문장 읽고 계산식 세우기

어떤 수를 ■로 하여 식을 세우고, 어떤 수를 구하세요.

4-1 1.7에 어떤 수를 곱했더니 170이 되었습니다.

식 $1.7\times$■$=$☐

답 ■$=$☐

4-2 450에 어떤 수를 곱했더니 0.45가 되었습니다.

식 $450\times$■$=$☐

답 ■$=$☐

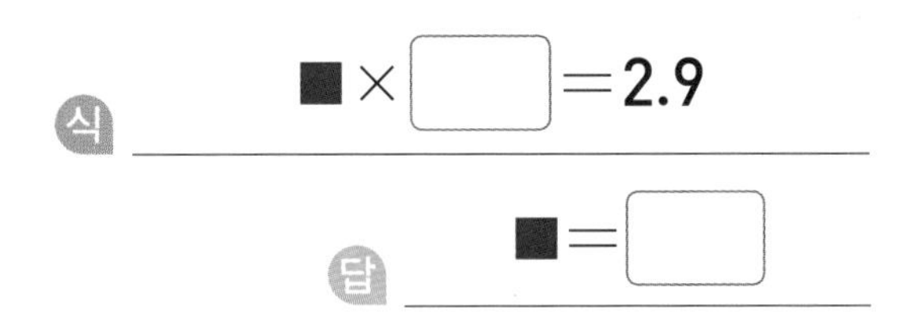

4-3 어떤 수에 0.1을 곱했더니 2.9가 되었습니다.

식 ■$\times$☐$=2.9$

답 ■$=$☐

4-4 어떤 수에 0.01을 곱했더니 0.031이 되었습니다.

식 ■$\times$☐$=0.031$

답 ■$=$☐

4주 2일

평균 구하기 ①

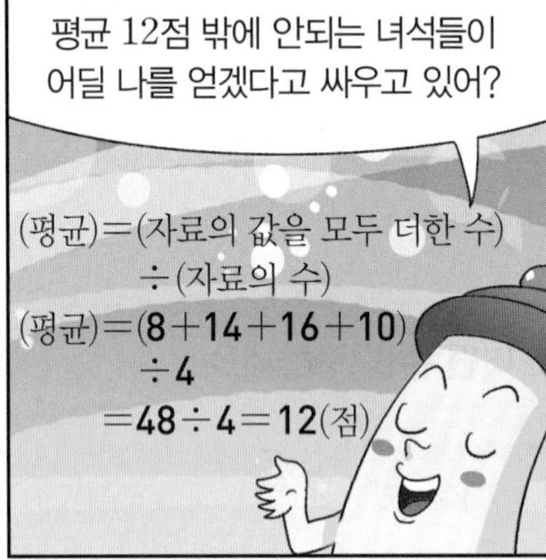

똑똑한 하루 계산법

• 자료를 보고 평균 구하기

평균: 자료의 값을 모두 더해 자료의 수로 나눈 값

(평균)=(자료의 값을 모두 더한 수)÷(자료의 수)

㉮ 자료의 평균 구하기

8, 14, 16, 10

자료의 수: 4

(평균)=(자료의 값을 모두 더한 수)÷(자료의 수)
$=(8+14+16+10)\div4$
$=48\div4=12$

OX 퀴즈

설명이 옳으면 ○에, 틀리면 ✕에 ○표 하세요.

자료의 값을 모두 더해 자료의 수로 나누면 평균을 구할 수 있습니다.

정답 ○에 ○표

똑똑한 계산 연습

제한 시간 5분

자료의 평균을 구하세요.

❶ 14, 7, 9

(평균)
$=(14+7+9)\div\square$
$=\square$

❷ 10, 8, 13, 5

(평균)
$=(10+8+13+\square)\div\square$
$=\square$

❸ 16, 12, 20

(평균)=□

❹ 22, 8, 17, 5

(평균)=□

❺ 6, 9, 5, 12

(평균)=□

❻ 7, 12, 16, 9

(평균)=□

❼ 23, 21, 25, 27

(평균)=□

❽ 13, 7, 18, 20, 12

(평균)=□

❾ 11, 15, 19, 16, 14

(평균)=□

❿ 26, 20, 16, 22, 21

(평균)=□

평균 구하기 ②

이렇게 기록이 나왔어.
자료의 값을 모두 더해
자료의 수로 나누면 돼.
제기차기 기록
이름 찬이 해나 마녀 핑크
기록(개) 13 12 10 9

똑똑한 하루 계산법

• **표를 보고 평균 구하기**

㉠ 제기차기 기록의 평균 구하기

제기차기 기록

이름	찬이	해나	마녀	핑크
기록(개)	13	12	10	9

자료의 수: 4

(평균)=(제기차기 기록의 합)÷(자료의 수)

$=(13+12+10+9)\div 4$

$=44\div 4$

$=11$(개)

평균을 그 자료를 대표하는 값으로 정하면 편리해요.

▶정답 및 풀이 24쪽

똑똑한 계산 연습

제한 시간 5분

표를 보고 평균을 구하세요.

1 가지고 있는 사탕 수

이름	상우	주하	승준
사탕 수(개)	22	13	10

(평균)
$=(22+13+10)\div\square$
$=\square$(개)

2 반별 학생 수

반	1	2	3	4
학생 수(명)	20	24	23	21

(평균)
$=(20+24+\square+21)\div\square$
$=\square$(명)

3 100 m 달리기 기록

이름	하준	재현	선아
기록(초)	19	17	21

(평균)$=\square$초

4 가지고 있는 구슬 수

이름	혜민	선호	유리	현우
구슬 수(개)	24	26	23	19

(평균)$=\square$개

5 학생들의 몸무게

이름	미연	진한	혜진	태훈
몸무게(kg)	46	42	43	41

(평균)$=\square$ kg

6 줄넘기 기록

이름	동욱	수진	희원	재하
기록(번)	50	64	56	46

(평균)$=\square$번

7 과수원별 사과 생산량

과수원	가	나	다	라	마
생산량(상자)	38	56	40	44	32

(평균)$=\square$상자

8 마을별 초등학생 수

마을	가	나	다	라	마
초등학생 수(명)	58	64	55	43	30

(평균)$=\square$명

3일 기초 집중 연습

보기 와 같이 합동인 도형에 적힌 수의 합과 평균을 각각 구하세요.

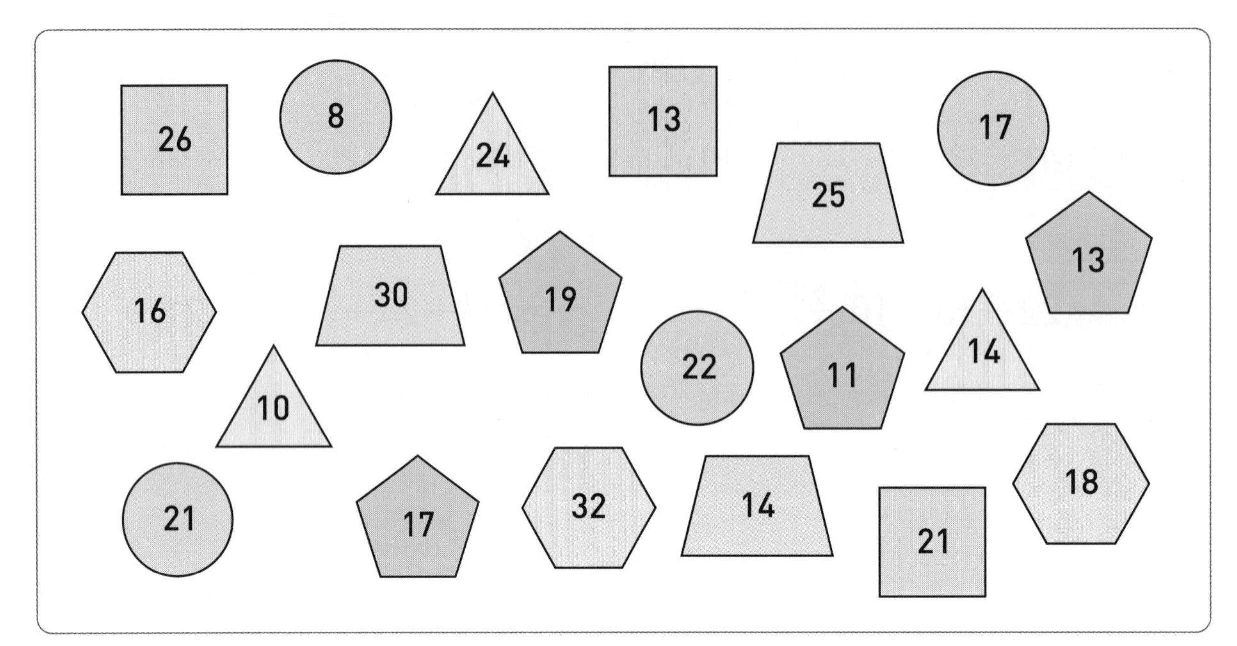

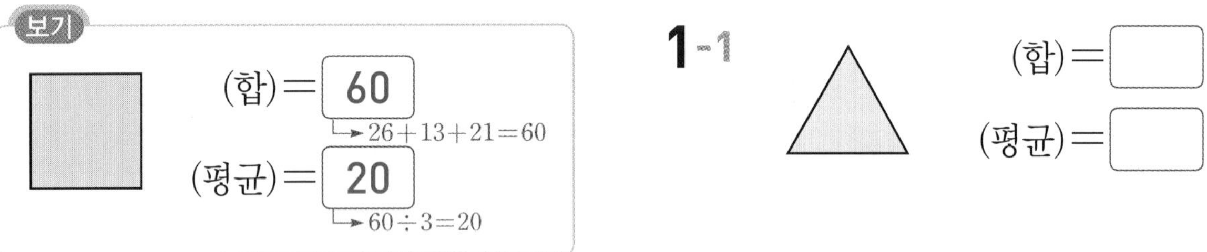

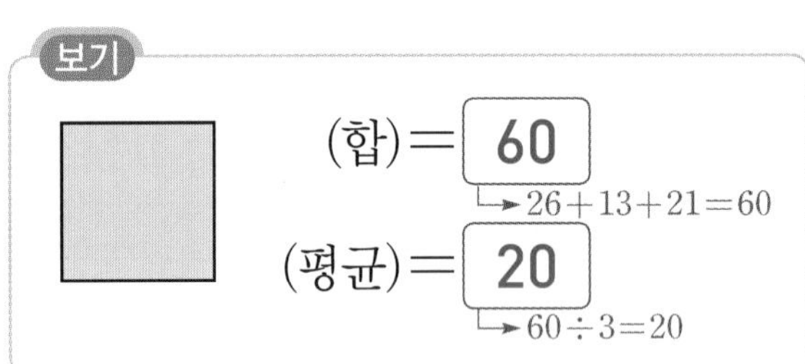

보기

(합)= 60

→ $26+13+21=60$

(평균)= 20

→ $60 \div 3=20$

1-1

(합)= ☐

(평균)= ☐

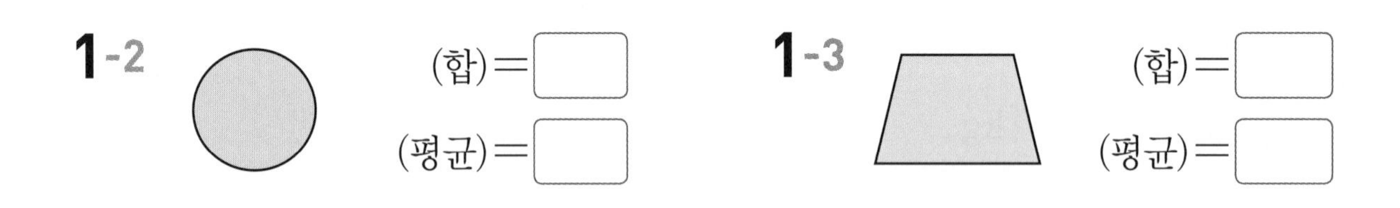

1-2

(합)= ☐

(평균)= ☐

1-3

(합)= ☐

(평균)= ☐

1-4

(합)= ☐

(평균)= ☐

1-5

(합)= ☐

(평균)= ☐

제한 시간 10분

생활 속 계산

고리 던지기를 하여 걸린 고리 수를 나타낸 것입니다. 걸린 고리 수의 평균을 구하세요.

2-1

(세 사람이 걸은 고리 수의 평균)

= □개

2-2

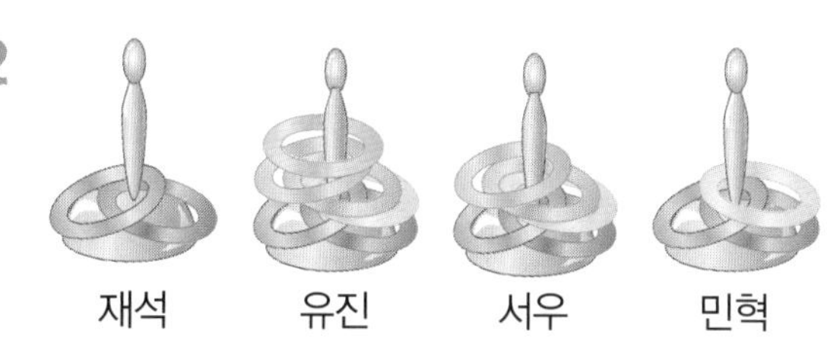

(네 사람이 걸은 고리 수의 평균)

= □개

2-3

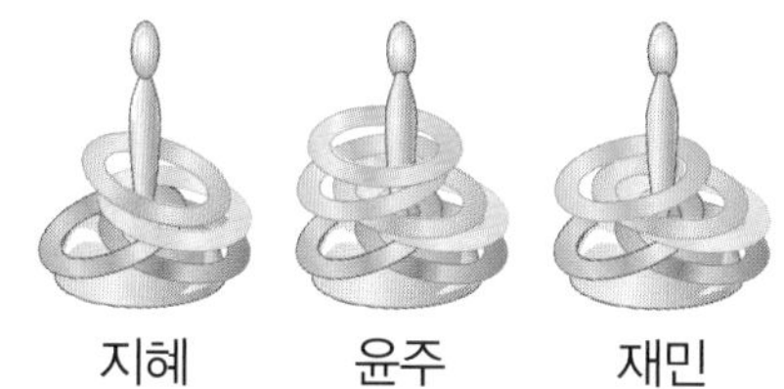

(세 사람이 걸은 고리 수의 평균)

= □개

2-4

(네 사람이 걸은 고리 수의 평균)

= □개

문장 읽고 계산식 세우기

3-1 빨간색 테이프는 52 cm, 노란색 테이프는 48 cm일 때, 두 색 테이프 길이의 평균은 몇 cm?

식 (52+48)÷□=□(cm)

3-2 진호의 국어 점수는 90점, 수학 점수는 82점일 때, 두 과목의 점수의 평균은 몇 점?

식 (90+□)÷2=□(점)

평균 비교하기 ①

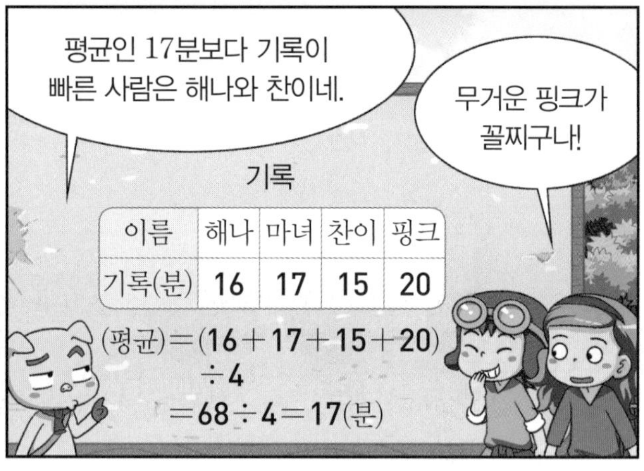

똑똑한 하루 계산법

- **평균을 구하여 자료와 비교하기**

㉮ 평균보다 기록이 빠른 사람 알아보기

기록

이름	해나	마녀	찬이	핑크
기록(분)	16	17	15	20

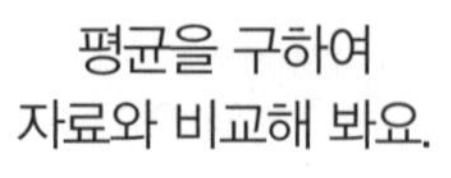

(평균) $=(16+17+15+20)\div 4$

$=68\div 4=17$(분)

⇨ 평균인 17분보다 기록이 빠른 사람:
해나(16분), **찬이**(15분)

똑똑한 계산 연습

▶정답 및 풀이 25쪽

제한 시간 5분

자료의 평균을 구하여 평균보다 더 큰 자료의 수를 구하세요.

1

요일별 최고 기온

요일	월	화	수	목	금	토	일
기온(℃)	14	15	17	12	10	12	11

평균보다 기온이 높은 날수 → □일

2

합창단의 나이

이름	서우	신영	하준	영민	승혜
나이(살)	15	11	13	12	14

평균보다 나이가 많은 단원 수 → □명

3

준우가 마신 우유의 양

요일	월	화	수	목	금
우유의 양(mL)	200	250	300	400	150

평균보다 우유를 많이 마신 날수 → □일

4

반별 학생 수

반	1	2	3	4	5	6
학생 수(명)	21	25	22	20	26	24

평균보다 학생이 많은 반 수 → □개 반

5

희선이의 수학 단원평가 점수

단원	1	2	3	4	5	6
점수(점)	78	81	95	90	88	90

평균보다 점수가 높은 단원 수 → □개 단원

평균 비교하기 ②

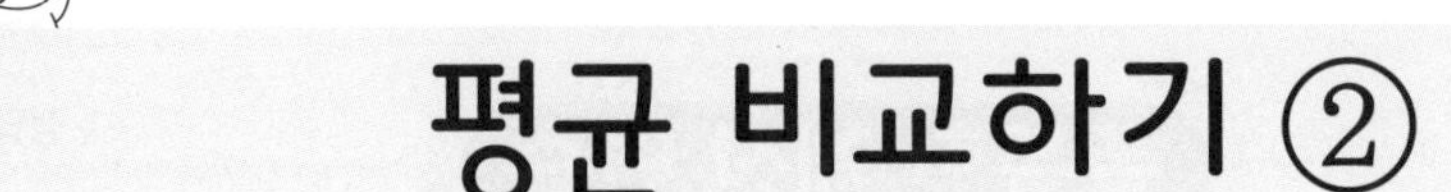

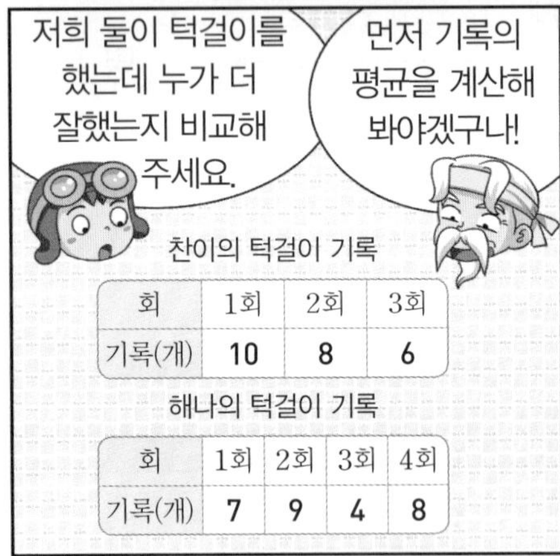

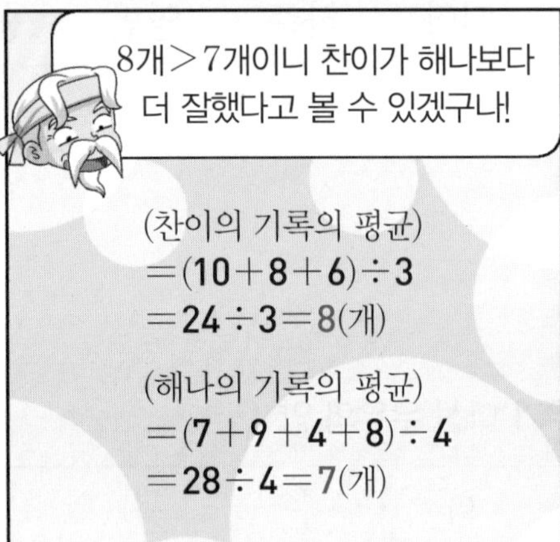

똑똑한 하루 계산법

• **두 자료의 평균을 구하여 비교하기**

예 찬이와 해나의 턱걸이 기록의 평균 비교하기

찬이의 턱걸이 기록

회	1회	2회	3회
기록(개)	10	8	6

(찬이의 기록의 평균)

$=(10+8+6)\div 3$

$=24\div 3=8$(개)

해나의 턱걸이 기록

회	1회	2회	3회	4회
기록(개)	7	9	4	8

(해나의 기록의 평균)

$=(7+9+4+8)\div 4$

$=28\div 4=7$(개)

⇨ 8개 > 7개이므로 찬이가 해나보다 더 잘했다고 볼 수 있습니다.

똑똑한 계산 연습

▶정답 및 풀이 25쪽

제한 시간 5분

표를 보고 자료의 평균을 비교하여 ○ 안에 >, =, <를 알맞게 써넣으세요.

1

5학년 학생 수

반	1	2	3
학생 수(명)	29	31	27

6학년 학생 수

반	1	2	3
학생 수(명)	30	26	28

5학년 학생 수의 평균  6학년 학생 수의 평균

2

재민이의 컴퓨터 사용 시간

요일	월	화	수
시간(분)	50	40	30

유미의 컴퓨터 사용 시간

요일	월	화	수
시간(분)	45	60	30

재민이의 컴퓨터 사용 시간의 평균  유미의 컴퓨터 사용 시간의 평균

3

연수의 오래 매달리기 기록

회	1회	2회	3회	4회
기록(초)	14	16	20	18

성우의 오래 매달리기 기록

회	1회	2회	3회
기록(초)	17	15	13

연수의 오래 매달리기 기록의 평균  성우의 오래 매달리기 기록의 평균

4

태준이네 모둠의 몸무게

이름	태준	슬기	은주
몸무게(kg)	46	42	38

나래네 모둠의 몸무게

이름	나래	현서	승민	서윤
몸무게(kg)	43	40	45	44

태준이네 모둠의 몸무게의 평균  나래네 모둠의 몸무게의 평균

기초 집중 연습

자료의 평균을 구하여 평균보다 더 작은 자료의 수를 구하세요.

1-1

요일별 스마트폰 사용 시간

요일	월	화	수	목	금
시간(분)	45	50	40	60	35

평균보다 사용 시간이 적은 날수 → □일

1-2

요일별 미술관 입장객 수

요일	월	화	수	목	금
입장객 수(명)	105	143	135	132	150

평균보다 입장객 수가 적은 날수 → □일

자료의 평균을 비교하여 ◯ 안에 >, =, <를 알맞게 써넣으세요.

2-1 14, 12, 16 ◯ 15, 13, 17

2-2 16, 24, 23, 25 ◯ 20, 22, 21

2-3 8, 13, 12 ◯ 12, 15, 11, 10

2-4 29, 25, 20, 22 ◯ 27, 28, 19, 18, 23

제한 시간 10분

한 시간당 달린 거리의 평균이 더 긴 자동차를 찾아 □ 안에 기호를 써넣으세요.

3-1 가

간 거리: 213 km
달린 시간: 3시간

나

간 거리: 272 km
달린 시간: 4시간

⇨ □ 자동차

3-2 다

간 거리: 288 km
달린 시간: 4시간

라

간 거리: 375 km
달린 시간: 5시간

⇨ □ 자동차

문장 읽고 문제 해결하기

4-1 어떤 책을 준영이는 5일 동안 300쪽을 읽었고, 혜주는 4일 동안 220쪽 읽었을 때, 하루에 읽은 쪽수의 평균이 더 많은 사람은?

(준영이가 하루에 읽은 쪽수의 평균)
= □ 쪽
(혜주가 하루에 읽은 쪽수의 평균)
= □ 쪽

답 ____________

4-2 물을 성민이는 4일 동안 2800 mL 마셨고, 연수는 3일 동안 2400 mL 마셨을 때, 하루에 마신 물의 양의 평균이 더 많은 사람은?

(성민이가 하루에 마신 물의 양의 평균)
= □ mL
(연수가 하루에 마신 물의 양의 평균)
= □ mL

답 ____________

평균 이용하기 ①

3년 후
저의 요리 발표회에 오신 여러분을 환영합니다.

제 요리를 드시고 점수를 매겨 주시면 됩니다. 점수는 30점 만점입니다.
핑크가 그동안 엄청 노력했는데 기대된다.

평균 점수가 20점이 넘지 않으면 전 이제 요리하는 걸 포기하려고 해요.
(평균)=(자료의 값을 모두 더한 수)÷(자료의 수)
평균을 구하는 방법은 이렇습니다~.

헉! 평균을 계산해 보니 딱 20점이네.
마녀님은 몇 점 주셨어요?
26
27
15
난 말 안 할래.

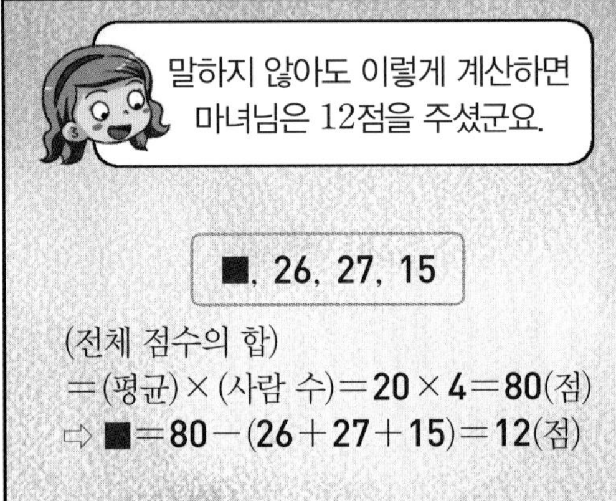

말하지 않아도 이렇게 계산하면 마녀님은 12점을 주셨군요.
■, 26, 27, 15
(전체 점수의 합)
=(평균)×(사람 수)=20×4=80(점)
⇨ ■=80−(26+27+15)=12(점)

이게 12로 보였어? 이거 13이야. 13~.
13
저 그럼 요리해도 되는 거죠?

똑똑한 하루 계산법

• **평균을 이용하여 ■의 값 구하기**

> **(평균)=(자료의 값을 모두 더한 수)÷(자료의 수)**
> **⇨ (자료의 값을 모두 더한 수)=(평균)×(자료의 수)**

㉕ 네 수의 평균이 20일 때, ■의 값 구하기

■, 26, 27, 15

(자료의 값을 모두 더한 수)
=(평균)×(자료의 수)=20×4=80
⇨ ■=80−(26+27+15)=12

자료의 값을 모두 더한 수는 (평균)×(자료의 수)로 구할 수 있어요.

▶정답 및 풀이 26쪽

똑똑한 계산 연습

제한 시간 5분

자료의 평균을 이용하여 ■의 값을 구하세요.

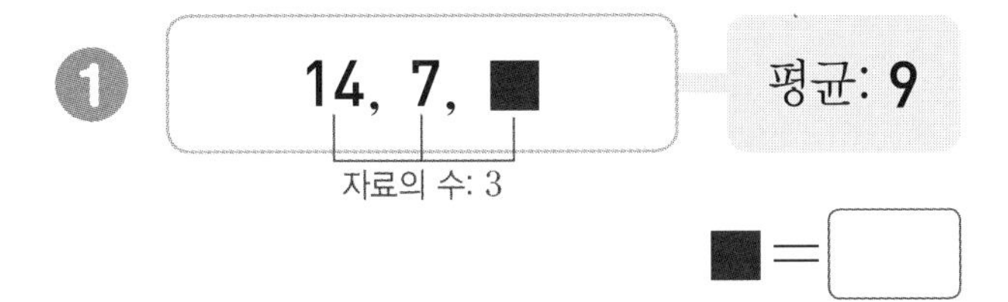

❶ 14, 7, ■ 평균: 9

자료의 수: 3

■=

(모르는 자료의 값)
=(전체 자료 값의 합)
−(아는 자료 값의 합)
입니다.

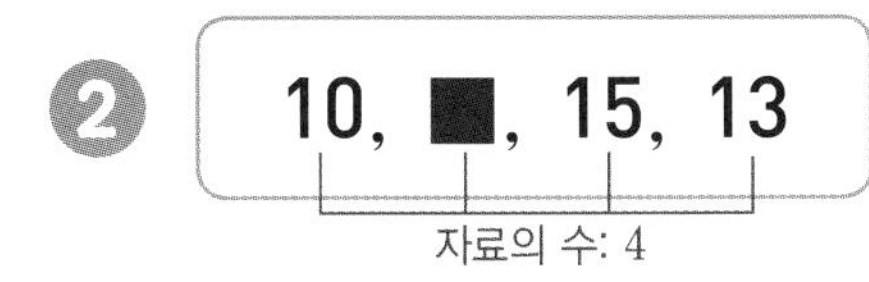

❷ 10, ■, 15, 13 평균: 11

자료의 수: 4

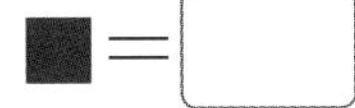

■=

❸ ■, 13, 9 평균: 12

■=

❹ 22, ■, 14 평균: 15

■=

❺ 22, ■, 30, 16 평균: 21

■=

❻ ■, 32, 24, 28 평균: 26

■=

❼ 27, 40, 35, 28, ■ 평균: 32

■=

평균 이용하기 ②

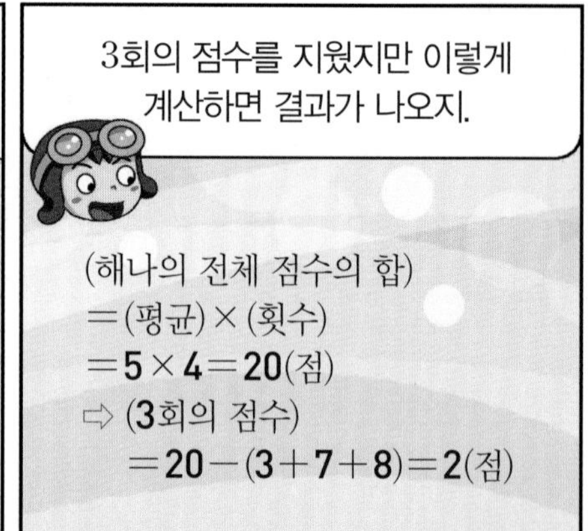

똑똑한 하루 계산법

- **평균을 이용하여 표의 빈칸에 알맞은 수 구하기**

예 3회의 과녁 맞히기 점수 구하기

해나의 과녁 맞히기 점수

회	1회	2회	3회	4회	평균
점수(점)	3	7		8	5

(해나의 전체 점수의 합)

$=$(평균)$\times$(횟수)$=5\times4=20$(점)

⇨ (3회의 점수)

$=20-(3+7+8)=2$(점)

전체 점수의 합은 (평균)×(횟수)로 구할 수 있어요.

▶정답 및 풀이 26쪽

제한 시간 5분

자료의 평균을 이용하여 표의 빈칸에 알맞은 수를 써넣으세요.

1 멀리 던지기 기록

회	1회	2회	3회	평균
기록(m)	20	25		22

2 가지고 있는 공책 수

이름	태호	세현	소정	평균
공책 수(권)	13		19	15

3 피아노 연습 시간

요일	월	화	수	평균
시간(분)		40	25	30

4 반별 학생 수

반	1	2	3	4	평균
학생 수(명)	26	23		24	25

5 단원별 수학 점수

단원	1	2	3	4	평균
점수(점)		90	96	88	92

6 학생들의 키

이름	세영	준하	나현	평균
키(cm)	145		152	150

7 줄넘기 기록

이름	영석	수희	재훈	영미	평균
기록(번)	62	55	42		50

8 혈액형별 학생 수

혈액형	A형	B형	O형	AB형	평균
학생 수(명)		39	50	14	35

기초 집중 연습

자료의 평균을 이용하여 ■의 값을 구하세요.

1-1 28, 52, ■ 평균: 40

■=□

1-2 32, 40, ■, 31 평균: 34

■=□

1-3 29, ■, 36, 30 평균: 32

■=□

1-4 ■, 56, 42, 49 평균: 50

■=□

현미네 모둠의 운동 종목별 기록을 나타낸 것입니다. 기록의 평균을 이용하여 학생들의 기록을 구하세요.

현미네 모둠의 운동 종목별 기록

운동 종목 / 이름	왕복 오래달리기	윗몸 말아 올리기	멀리 던지기
현미	80회	40회	25 m
연아	72회	36회	
승수	78회		34 m
준기		53회	30 m

2-1 왕복 오래달리기 기록의 평균: 75회

⇨ (준기의 기록)=□회

2-2 윗몸 말아 올리기 기록의 평균: 43회

⇨ (승수의 기록)=□회

2-3 멀리 던지기 기록의 평균: 27 m

⇨ (연아의 기록)=□ m

(전체 기록의 합)
=(평균)×(사람의 수)로
구할 수 있습니다.

제한 시간 10분

생활 속 계산

단체 줄넘기 대회에서 각 모둠이 준결승에 올라가려면 마지막에 적어도 몇 번을 넘어야 하는지 구하세요.

준결승 진출: 기록의 평균이 20번 이상

3-1 영탁: 우리 모둠의 기록은 16번, 23번, □번이야.

□번

3-2 민하: 우리 모둠의 기록은 17번, 20번, □번이야.

□번

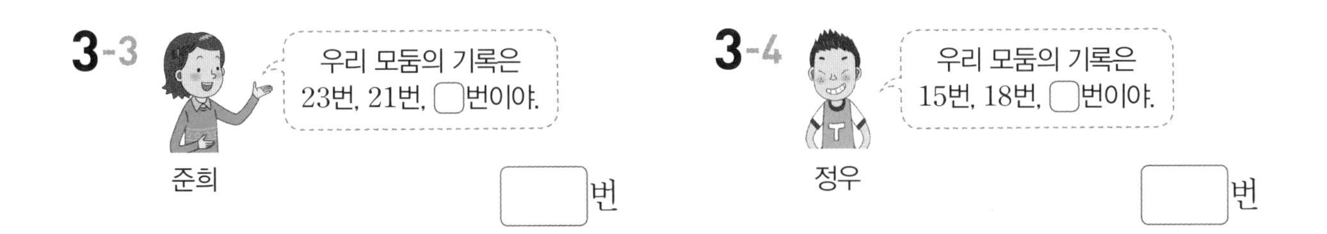

3-3 준희: 우리 모둠의 기록은 23번, 21번, □번이야.

□번

3-4 정우: 우리 모둠의 기록은 15번, 18번, □번이야.

□번

문장 읽고 계산식 세우기

4-1 세 수 8, 6, ■의 평균이 8일 때, ■의 값은?

(세 수의 합)$=8\times$□$=$□

⇨ ■$=$□$-(8+6)$

$=$□

답 ______

4-2 네 수 13, 15, 11, ●의 평균이 12일 때, ●의 값은?

(네 수의 합)$=$□$\times 4=$□

⇨ ●$=$□$-(13+15+11)$

$=$□

답 ______

누구나 100점 맞는 TEST

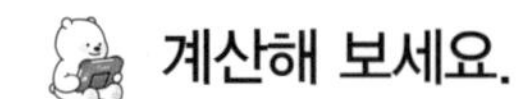
계산해 보세요.

❶ 2.2×1.7

❷ 4.6×3.4

❸ 5.7×2.1

❹ 8.3×5.9

❺ 1.13×2.6

❻ 3.17×3.5

❼ 6.2×1.58

❽ 7.3×2.89

❾
- 3.468×10
- 3.468×100
- 3.468×1000

❿
- 279×0.1
- 279×0.01
- 279×0.001

⓫ $53 \times 25 = 1325$
- 5.3×2.5
- 5.3×0.25

⓬ $102 \times 36 = 3672$
- 1.02×3.6
- 1.02×0.36

자료의 평균을 구하세요.

⑬ 20, 15, 16

(평균)=□

⑭ 32, 28, 24

(평균)=□

⑮ 35, 30, 40, 23

(평균)=□

⑯ 27, 30, 45, 34

(평균)=□

자료의 평균을 비교하여 ○ 안에 >, =, <를 알맞게 써넣으세요.

⑰ 31, 36, 32 ○ 34, 27, 35, 32

⑱ 20, 10, 23, 15 ○ 21, 19, 11

자료의 평균을 이용하여 ■의 값을 구하세요.

⑲ 14, 12, ■ 평균: 11

■=□

⑳ ■, 12, 20, 33 평균: 23

■=□

제한 시간 안에 정확하게 모두 풀었다면
여러분은 진정한 **계산왕**!

창의 • 융합 • 코딩

환율이 뭘까?

태국 돈 10바트, 100바트, 1000바트는 우리나라 돈으로 얼마인지 각각 구하세요.

태국 돈 10바트, 100바트, 1000바트는 우리나라 돈으로 각각 얼마인지 구해 보자.

=37.31원

▲1바트
(ⓒJiw Ingka/shutterstock)

10바트: $37.31 \times 10 =$ ☐(원)

100바트: $37.31 \times 100 =$ ☐(원)

1000바트: $37.31 \times 1000 =$ ☐(원)

▶정답 및 풀이 28쪽

어느 모둠이 더 잘했나?

선호네 모둠과 가은이네 모둠 중 제기차기를 어느 모둠이 더 잘했다고 볼 수 있는지 구하세요.

이름	제기차기 기록(개)
선호	5
혜인	3
주미	1
상현	6
준영	10

이름	제기차기 기록(개)
가은	9
석현	6
승우	4
진아	5

각 모둠의 제기차기 기록의 평균을 구해 보자.

선호네 모둠

(제기차기 기록의 평균)

$=(5+3+1+6+10)\div\square$

$=\square$(개)

가은이네 모둠

(제기차기 기록의 평균)

$=(9+6+4+5)\div\square$

$=\square$(개)

답 ____________ 모둠

특강 창의·융합·코딩

창의 3 보기 와 같이 ㉠은 꼭짓점에 있는 모든 수의 평균입니다. ㉠에 알맞은 수를 구하세요.

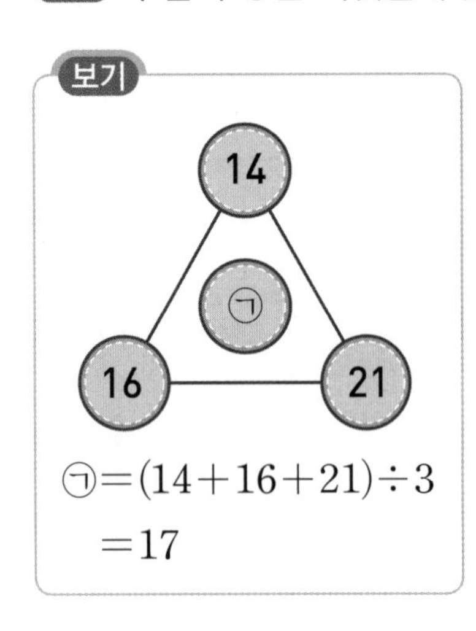

㉠$=(14+16+21)\div 3$
$=17$

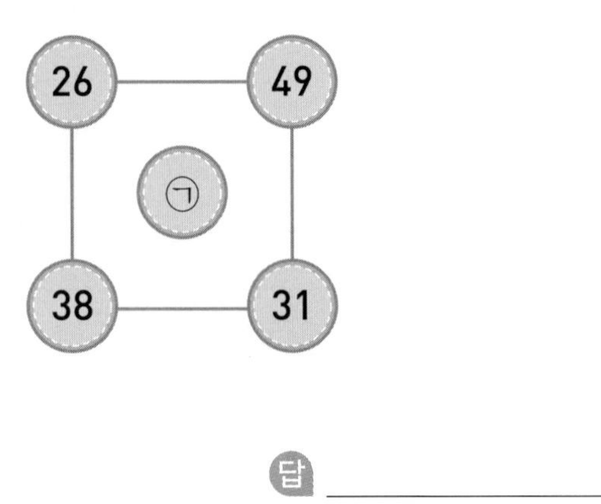

답 ____________

다음은 1분 동안 운동했을 때 소모되는 열량을 나타낸 것입니다. 윤수의 소모된 열량을 구하세요.

종류	축구	수영	줄넘기
소모되는 열량 (킬로칼로리)	8.4	9.5	10.7

축구를 30.5분 동안 했어요.

윤수

* 열량: 체내에서 발생하는 에너지를 말하며 단위는 kcal(킬로칼로리)를 사용합니다.

답 ____________ 킬로칼로리

▶정답 및 풀이 28쪽

창의 5 두 수의 곱이 ( ) 안의 수인 것을 모두 찾아 ○표 하세요.

(1) 8.28

2.3×3.6	2.3×36
0.23×3.6	23×0.36

(2) 26.145

31.5×8.3	3.15×8.3
31.5×0.83	3.15×0.83

창의 6 민하는 과녁 맞히기를 하여 화살을 6번 쏘아 그림과 같이 맞혔습니다. 화살을 한 번 맞혔을 때 점수의 평균을 구하세요.

8점에 2번, 5점에 1번,
3점에 3번 맞혔어요.
민하

답 ____________ 점

창의·융합·코딩

갈림길 문제의 답을 따라가면 삼촌 댁에 도착할 수 있습니다. 윤지네 삼촌 댁을 찾아 번호를 쓰세요.

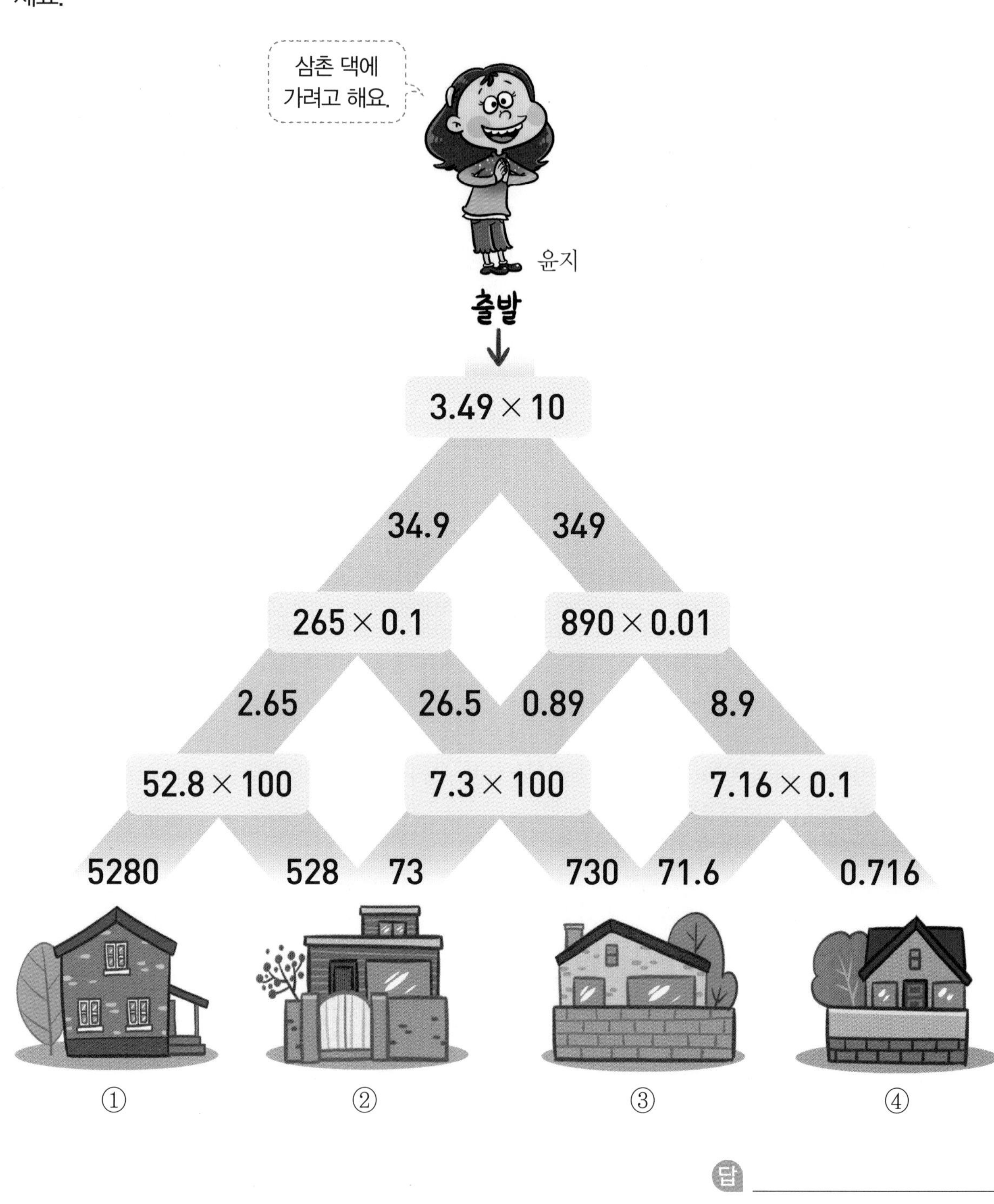

답 ______________

▶정답 및 풀이 28쪽

창의 8 사다리를 타고 내려가 빈칸에 계산한 값을 써넣으세요.

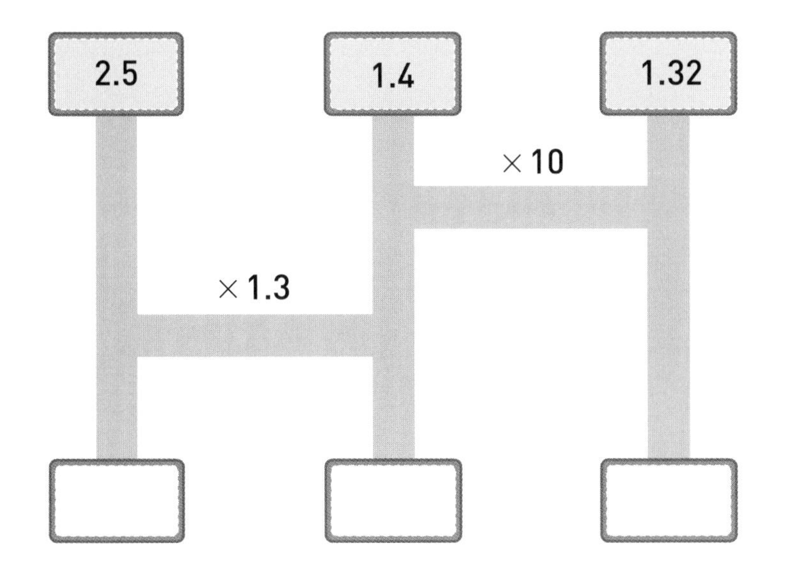

코딩 9 보기 의 네 수의 평균을 구하고 각각의 수를 화살표의 순서로 주어진 지시에 따라 판단하여 빈칸에 알맞게 써넣으세요.

보기
13, 11, 15, 17

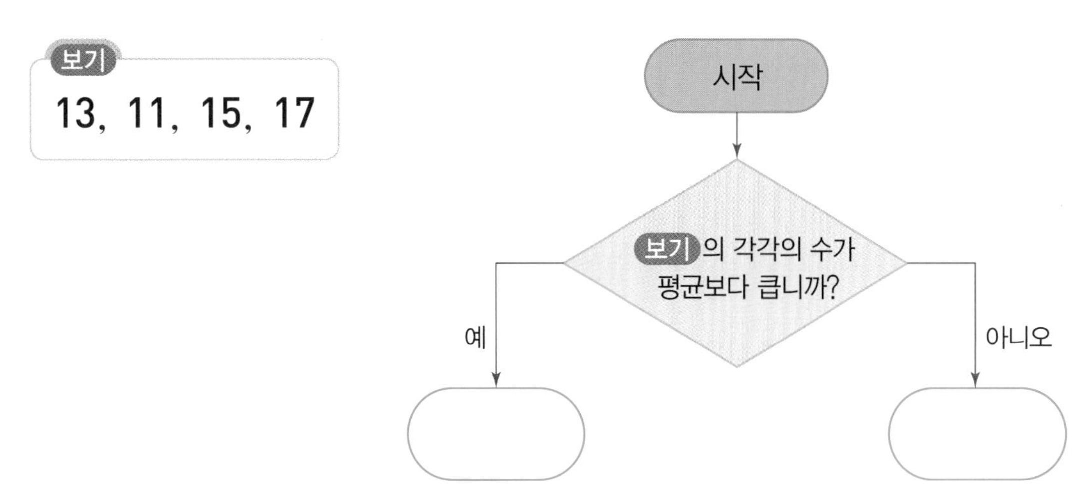

쉽다!

10분이면 하루치 공부를 마칠 수 있는 커리큘럼으로,
아이들이 초등 학습에 쉽고 재미있게 접근할 수 있도록 구성하였습니다.

재미있다!

교과서는 물론 생활 속에서 쉽게 접할 수 있는 다양한 소재와
재미있는 게임 형식의 문제로 흥미로운 학습이 가능합니다.

똑똑하다!

초등학생에게 꼭 필요한 학습 지식 습득은 물론
창의력 확장까지 가능한 교재로 올바른 공부습관을 가지는 데 도움을 줍니다.

정답 및 풀이

똑 똑 한

하루 계산

초등 수학 5B

5학년 수준

천재교육

정답 및 풀이 포인트 3가지

- 혼자서도 이해할 수 있는 문제 풀이
- 자세한 풀이 제시
- 참고·주의 등 풍부한 보충 설명

정답 및 풀이

1주 수의 범위와 어림하기

6~7쪽 1주에 배울 내용을 알아볼까요? ②

1-1 mL에 ○표	1-2 L에 ○표
1-3 kg에 ○표	1-4 g에 ○표
2-1 <	2-2 <
2-3 >	2-4 <

2-1 5자리 수 ⓧ< 6자리 수

2-2 36208549 < 36471908 (2<4)

2-3 500708236090 > 500706102004 (8>6)

2-4 2083071450090063 < 2083071450189760 (0<1)

9쪽 똑똑한 계산 연습

① 7, 8, 9에 ○표	② 11, 12에 ○표
③ 15, 16에 ○표	④ 23, 24, 25, 26에 ○표
⑤ 34, 35, 36에 ○표	⑥ 48, 49에 ○표
⑦ 4, 5에 ○표	⑧ 17, 18, 19에 ○표
⑨ 25, 26, 27에 ○표	⑩ 35, 36에 ○표
⑪ 41, 42, 43, 44에 ○표	⑫ 49, 50에 ○표

① 7과 같거나 큰 수를 모두 찾습니다.

② 11과 같거나 큰 수를 모두 찾습니다.

③ 15와 같거나 큰 수를 모두 찾습니다.

④ 23과 같거나 큰 수를 모두 찾습니다.

⑤ 34와 같거나 큰 수를 모두 찾습니다.

⑥ 48과 같거나 큰 수를 모두 찾습니다.

⑦ 5와 같거나 작은 수를 모두 찾습니다.

⑧ 19와 같거나 작은 수를 모두 찾습니다.

⑨ 27과 같거나 작은 수를 모두 찾습니다.

⑩ 36과 같거나 작은 수를 모두 찾습니다.

⑪ 44와 같거나 작은 수를 모두 찾습니다.

⑫ 50과 같거나 작은 수를 모두 찾습니다.

11쪽 똑똑한 계산 연습

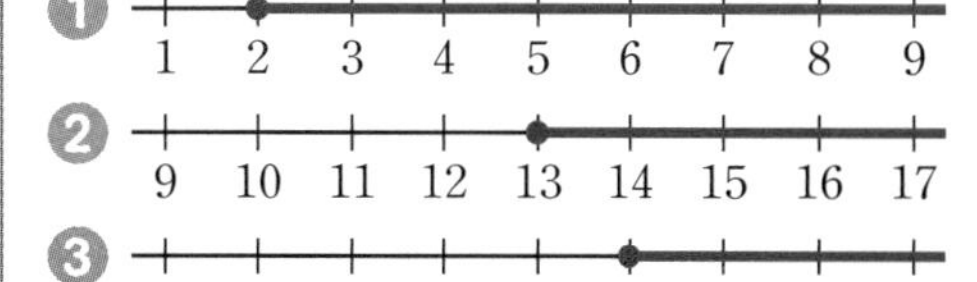

① 2에 ●으로 표시하고 오른쪽으로 선을 긋습니다.

② 13에 ●으로 표시하고 오른쪽으로 선을 긋습니다.

③ 17에 ●으로 표시하고 오른쪽으로 선을 긋습니다.

④ 24에 ●으로 표시하고 오른쪽으로 선을 긋습니다.

⑤ 8에 ●으로 표시하고 왼쪽으로 선을 긋습니다.

⑥ 15에 ●으로 표시하고 왼쪽으로 선을 긋습니다.

⑦ 26에 ●으로 표시하고 왼쪽으로 선을 긋습니다.

⑧ 32에 ●으로 표시하고 왼쪽으로 선을 긋습니다.

정답 및 풀이

12~13쪽 기초 집중 연습

1-1 이하　　1-2 이상
1-3 이상　　1-4 이하
2-1 24, 39　　2-2 5, 3, 35, 23
2-3 85, 75, 58
3-1 10 20 30 40 50 60 70 80 90
3-2 10 20 30 40 50 60 70 80 90
3-3 10 20 30 40 50 60 70 80 90
3-4 30 40 50 60 70 80 90 100 110
4-1 17　　4-2 62
4-3 83　　4-4 45

1-1 65와 같거나 작은 수이므로 65 이하인 수입니다.

1-2 27과 같거나 큰 수이므로 27 이상인 수입니다.

1-3 8과 같거나 큰 수이므로 8 이상인 수입니다.

1-4 83과 같거나 작은 수이므로 83 이하인 수입니다.

2-1 42와 같거나 작은 수를 모두 찾습니다.

2-2 35와 같거나 작은 수를 모두 찾습니다.

2-3 58과 같거나 큰 수를 모두 찾습니다.

3-1 30에 ●으로 표시하고 오른쪽으로 선을 긋습니다.

3-2 50에 ●으로 표시하고 오른쪽으로 선을 긋습니다.

3-3 70에 ●으로 표시하고 왼쪽으로 선을 긋습니다.

3-4 100에 ●으로 표시하고 왼쪽으로 선을 긋습니다.

4-1 17 이상인 수는 17과 같거나 큰 수입니다.

4-2 62 이상인 수는 62와 같거나 큰 수입니다.

4-3 83 이하인 수는 83과 같거나 작은 수입니다.

4-4 45 이하인 수는 45와 같거나 작은 수입니다.

15쪽 똑똑한 계산 연습

❶ 5, 6에 ○표　　❷ 14, 15, 16에 ○표
❸ 21, 22에 ○표　　❹ 30, 31, 32, 33에 ○표
❺ 38, 39, 40에 ○표　　❻ 43, 44에 ○표
❼ 3, 4, 5에 ○표　　❽ 15, 16에 ○표
❾ 21, 22, 23, 24에 ○표　　❿ 33, 34, 35에 ○표
⓫ 37, 38, 39에 ○표　　⓬ 44, 45에 ○표

❶ 4보다 큰 수를 모두 찾습니다.

❷ 13보다 큰 수를 모두 찾습니다.

❸ 20보다 큰 수를 모두 찾습니다.

❹ 29보다 큰 수를 모두 찾습니다.

❺ 37보다 큰 수를 모두 찾습니다.

❻ 42보다 큰 수를 모두 찾습니다.

❼ 6보다 작은 수를 모두 찾습니다.

❽ 17보다 작은 수를 모두 찾습니다.

❾ 25보다 작은 수를 모두 찾습니다.

❿ 36보다 작은 수를 모두 찾습니다.

⓫ 40보다 작은 수를 모두 찾습니다.

⓬ 46보다 작은 수를 모두 찾습니다.

17쪽 똑똑한 계산 연습

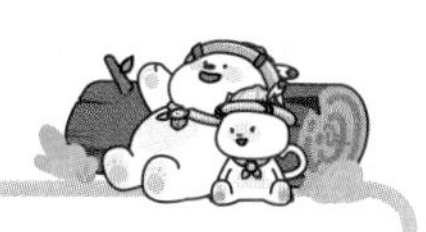

❶ 8에 ○으로 표시하고 오른쪽으로 선을 긋습니다.

❷ 11에 ○으로 표시하고 오른쪽으로 선을 긋습니다.

❸ 47에 ○으로 표시하고 오른쪽으로 선을 긋습니다.

❹ 36에 ○으로 표시하고 오른쪽으로 선을 긋습니다.

❺ 5에 ○으로 표시하고 왼쪽으로 선을 긋습니다.

❻ 14에 ○으로 표시하고 왼쪽으로 선을 긋습니다.

❼ 27에 ○으로 표시하고 왼쪽으로 선을 긋습니다.

❽ 43에 ○으로 표시하고 왼쪽으로 선을 긋습니다.

18~19쪽 기초 집중 연습

1-1 초과　　**1-2** 미만

1-3 초과　　**1-4** 미만

2-1 45, 50, 32　　**2-2** 55, 49

2-3 71, 18, 20, 33

3-1 46명 41명 44명

3-2 40명 48명 43명

3-3 42명 43명 45명

3-4 47명 44명 42명

4-1 73　　**4-2** 40

4-3 19　　**4-4** 55

1-1 76보다 큰 수이므로 76 초과인 수입니다.

1-2 9보다 작은 수이므로 9 미만인 수입니다.

1-3 21보다 큰 수이므로 21 초과인 수입니다.

1-4 45보다 작은 수이므로 45 미만인 수입니다.

2-1 31보다 큰 수를 모두 찾습니다.

2-2 56보다 작은 수를 모두 찾습니다.

2-3 17보다 큰 수를 모두 찾습니다.

3-1 44명보다 많은 버스를 찾으면 46명입니다.

3-2 44명보다 많은 버스를 찾으면 48명입니다.

3-3 44명보다 많은 버스를 찾으면 45명입니다.

3-4 44명보다 많은 버스를 찾으면 47명입니다.

4-1 72 초과인 수는 72보다 큰 수입니다.

4-2 39 초과인 수는 39보다 큰 수입니다.

4-3 20 미만인 수는 20보다 작은 수입니다.

4-4 56 미만인 수는 56보다 작은 수입니다.

21쪽 똑똑한 계산 연습

❶ 7, 8, 9, 10에 ○표　　❷ 40, 41, 42에 ○표

❸ 19, 20, 21에 ○표　　❹ 34, 35에 ○표

❺ 15, 16, 17, 18에 ○표　　❻ 60, 61, 62에 ○표

❼ 28, 29, 30에 ○표　　❽ 50, 51, 52, 53에 ○표

❶ 7과 같거나 크고 10과 같거나 작은 수를 모두 찾습니다.

❷ 40과 같거나 크고 42와 같거나 작은 수를 모두 찾습니다.

❸ 19와 같거나 크고 22보다 작은 수를 모두 찾습니다.

❹ 34와 같거나 크고 36보다 작은 수를 모두 찾습니다.

❺ 14보다 크고 18과 같거나 작은 수를 모두 찾습니다.

❻ 59보다 크고 62와 같거나 작은 수를 모두 찾습니다.

❼ 27보다 크고 31보다 작은 수를 모두 찾습니다.

❽ 49보다 크고 54보다 작은 수를 모두 찾습니다.

23쪽 똑똑한 계산 연습

❶ 4 5 6 7 8 9 10 11 12
❷ 37 38 39 40 41 42 43 44 45
❸ 64 65 66 67 68 69 70 71 72
❹ 15 16 17 18 19 20 21 22 23
❺ 28 29 30 31 32 33 34 35 36
❻ 46 47 48 49 50 51 52 53 54
❼ 19 20 21 22 23 24 25 26 27
❽ 57 58 59 60 61 62 63 64 65

❶ 7에 ●, 11에 ●으로 표시하고 7과 11 사이에 선을 긋습니다.

❷ 39에 ●, 41에 ●으로 표시하고 39와 41 사이에 선을 긋습니다.

❸ 68에 ●, 71에 ○으로 표시하고 68과 71 사이에 선을 긋습니다.

❹ 16에 ●, 21에 ○으로 표시하고 16과 21 사이에 선을 긋습니다.

❺ 30에 ○, 33에 ●으로 표시하고 30과 33 사이에 선을 긋습니다.

❻ 47에 ○, 53에 ●으로 표시하고 47과 53 사이에 선을 긋습니다.

❼ 22에 ○, 24에 ○으로 표시하고 22와 24 사이에 선을 긋습니다.

❽ 59에 ○, 63에 ○으로 표시하고 59와 63 사이에 선을 긋습니다.

24~25쪽 기초 집중 연습

1-1 4	1-2 4	1-3 5
1-4 3	2-1 21, 8, 17	2-2 41, 32, 34
2-3 29, 35	3-1 라이트급	3-2 핀급
3-3 페더급	3-4 밴텀급	4-1 8
4-2 9	4-3 7	4-4 9

1-1 18 이상 21 이하인 수이므로 18, 19, 20, 21로 모두 4개입니다.

1-2 42 이상 46 미만인 수이므로 42, 43, 44, 45로 모두 4개입니다.

1-3 26 초과 31 이하인 수이므로 27, 28, 29, 30, 31로 모두 5개입니다.

1-4 5 초과 9 미만인 수이므로 6, 7, 8로 모두 3개입니다.

2-1 7보다 크고 21과 같거나 작은 수를 모두 찾습니다.

2-2 31보다 크고 42보다 작은 수를 모두 찾습니다.

2-3 25와 같거나 크고 39보다 작은 수를 모두 찾습니다.

3-1 40은 39 초과이므로 라이트급입니다.

3-2 32는 32 이하이므로 핀급입니다.

3-3 37은 36 초과 38 이하이므로 페더급입니다.

3-4 36은 34 초과 36 이하이므로 밴텀급입니다.

4-1 9, 10, 11, 12, 13, 14, 15, 16 ⇨ 8개

4-2 37, 38, 39, 40, 41, 42, 43, 44, 45 ⇨ 9개

4-3 29, 30, 31, 32, 33, 34, 35 ⇨ 7개

4-4 21, 22, 23, 24, 25, 26, 27, 28, 29 ⇨ 9개

27쪽 똑똑한 계산 연습

❶ 220	❷ 550
❸ 700	❹ 400
❺ 4020	❻ 5300
❼ 1100	❽ 8000
❾ 0.4	❿ 6.08

❶ 213 ⇨ 220 ❷ 547 ⇨ 550

❸ 614 ⇨ 700 ❹ 382 ⇨ 400

❺ 4019 ⇨ 4020 ❻ 5267 ⇨ 5300

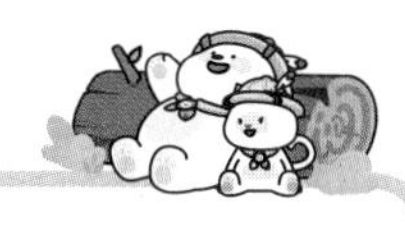

⑦ 1004 ⇨ 1100 ⑧ 7403 ⇨ 8000

⑨ 0.38 ⇨ 0.4 ⑩ 6.072 ⇨ 6.08

29쪽	똑똑한 계산 연습
① 830	② 510
③ 600	④ 200
⑤ 4360	⑥ 9700
⑦ 3000	⑧ 5000
⑨ 0.7	⑩ 8.34

① 834 ⇨ 830 ② 519 ⇨ 510

③ 627 ⇨ 600 ④ 283 ⇨ 200

⑤ 4365 ⇨ 4360 ⑥ 9701 ⇨ 9700

⑦ 3002 ⇨ 3000 ⑧ 5108 ⇨ 5000

⑨ 0.76 ⇨ 0.7 ⑩ 8.349 ⇨ 8.34

30~31쪽	기초 집중 연습	
1-1 540, 540	1-2 400, 300	1-3 6100, 6000
1-4 2000, 1000	2-1 천	2-2 첫째
2-3 둘째	3-1 3	3-2 7
3-3 5	3-4 6	4-1 380
4-2 900	4-3 690	4-4 200

1-1 • 올림: 540 ⇨ 540
• 버림: 540 ⇨ 540

1-2 • 올림: 379 ⇨ 400
• 버림: 379 ⇨ 300

1-3 • 올림: 6025 ⇨ 6100
• 버림: 6025 ⇨ 6000

1-4 • 올림: 1895 ⇨ 2000
• 버림: 1895 ⇨ 1000

2-1 7685 ⇨ 7000

2-2 0.304 ⇨ 0.4

2-3 4.129 ⇨ 4.13

3-1 버림으로 어림합니다.
36 ⇨ 30이므로 최대 3상자까지 팔 수 있습니다.

3-2 버림으로 어림합니다.
78 ⇨ 70이므로 최대 7상자까지 팔 수 있습니다.

3-3 버림으로 어림합니다.
549 ⇨ 500이므로 최대 5상자까지 팔 수 있습니다.

3-4 버림으로 어림합니다.
602 ⇨ 600이므로 최대 6상자까지 팔 수 있습니다.

4-1 374 ⇨ 380

4-2 801 ⇨ 900

4-3 695 ⇨ 690

4-4 287 ⇨ 200

33쪽	똑똑한 계산 연습
① 850	② 370
③ 800	④ 400
⑤ 2090	⑥ 5180
⑦ 6900	⑧ 1000
⑨ 7000	⑩ 4000

① 854 ⇨ 850 ② 365 ⇨ 370

③ 783 ⇨ 800 ④ 425 ⇨ 400

⑤ 2091 ⇨ 2090 ⑥ 5176 ⇨ 5180

⑦ 6903 ⇨ 6900 ⑧ 1024 ⇨ 1000

⑨ 7409 ⇨ 7000 ⑩ 3687 ⇨ 4000

35쪽 똑똑한 계산 연습

❶ 0.2	❷ 0.8
❸ 4.7	❹ 5.5
❺ 0.16	❻ 0.65
❼ 8.71	❽ 3.29
❾ 1	❿ 7

❶ 0.16 ⇨ 0.2　❷ 0.83 ⇨ 0.8

❸ 4.72 ⇨ 4.7　❹ 5.49 ⇨ 5.5

❺ 0.157 ⇨ 0.16　❻ 0.652 ⇨ 0.65

❼ 8.709 ⇨ 8.71　❽ 3.286 ⇨ 3.29

❾ 0.541 ⇨ 1　❿ 7.308 ⇨ 7

36~37쪽 기초 집중 연습

1-1 860	1-2 3000	1-3 0.1
1-4 4.1	2-1 천	2-2 둘째
2-3 첫째	3-1 10	3-2 52
3-3 26	3-4 21	4-1 530
4-2 300	4-3 0.6	4-4 1.09

1-1 856 ⇨ 860

1-2 3097 ⇨ 3000

1-3 0.12 ⇨ 0.1

1-4 4.098 ⇨ 4.1

2-1 4289 ⇨ 4000

2-2 0.587 ⇨ 0.59

2-3 1.645 ⇨ 1.6

3-1 10.2 ⇨ 약 10 cm

3-2 51.7 ⇨ 약 52 cm

3-3 25.5 ⇨ 약 26 cm

3-4 20.8 ⇨ 약 21 cm

4-1 528 ⇨ 530

4-2 347 ⇨ 300

4-3 0.639 ⇨ 0.6

4-4 1.085 ⇨ 1.09

38~39쪽 누구나 100점 맞는 TEST

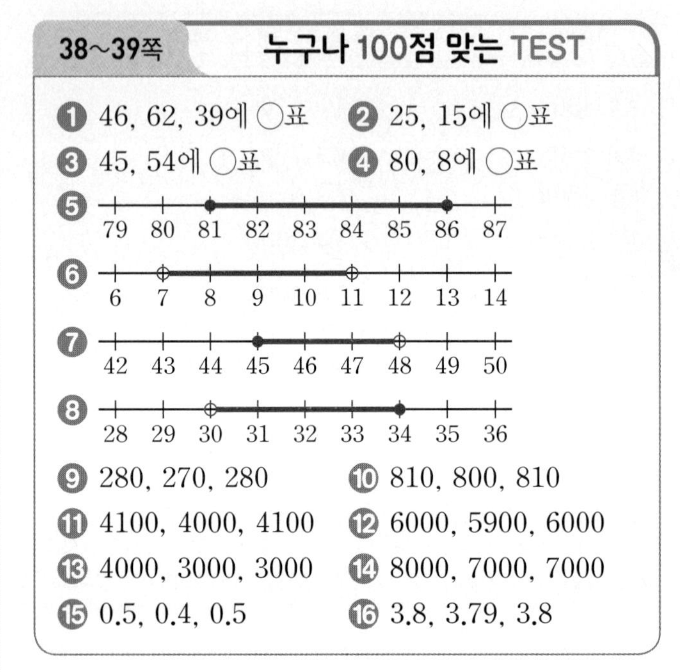
❶ 46, 62, 39에 ○표　❷ 25, 15에 ○표
❸ 45, 54에 ○표　❹ 80, 8에 ○표
❺ 79 80 81 82 83 84 85 86 87
❻ 6 7 8 9 10 11 12 13 14
❼ 42 43 44 45 46 47 48 49 50
❽ 28 29 30 31 32 33 34 35 36
❾ 280, 270, 280　❿ 810, 800, 810
⓫ 4100, 4000, 4100　⓬ 6000, 5900, 6000
⓭ 4000, 3000, 3000　⓮ 8000, 7000, 7000
⓯ 0.5, 0.4, 0.5　⓰ 3.8, 3.79, 3.8

❶ 36과 같거나 큰 수를 모두 찾습니다.

❷ 57과 같거나 작은 수를 모두 찾습니다.

❸ 40보다 큰 수를 모두 찾습니다.

❹ 81보다 작은 수를 모두 찾습니다.

❺ 81에 ●, 86에 ●으로 표시하고 81과 86 사이에 선을 긋습니다.

❻ 7에 ○, 11에 ○으로 표시하고 7과 11 사이에 선을 긋습니다.

❼ 45에 ●, 48에 ○으로 표시하고 45와 48 사이에 선을 긋습니다.

❽ 30에 ○, 34에 ●으로 표시하고 30과 34 사이에 선을 긋습니다.

❾ • 올림: 275 ⇨ 280
• 버림: 275 ⇨ 270
• 반올림: 275 ⇨ 280

⑩ • 올림: 806 ⇨ 810
• 버림: 806 ⇨ 800
• 반올림: 806 ⇨ 810

⑪ • 올림: 4073 ⇨ 4100
• 버림: 4073 ⇨ 4000
• 반올림: 4073 ⇨ 4100

⑫ • 올림: 5964 ⇨ 6000
• 버림: 5964 ⇨ 5900
• 반올림: 5964 ⇨ 6000

⑬ • 올림: 3180 ⇨ 4000
• 버림: 3180 ⇨ 3000
• 반올림: 3180 ⇨ 3000

⑭ • 올림: 7235 ⇨ 8000
• 버림: 7235 ⇨ 7000
• 반올림: 7235 ⇨ 7000

⑮ • 올림: 0.46 ⇨ 0.5
• 버림: 0.46 ⇨ 0.4
• 반올림: 0.46 ⇨ 0.5

⑯ • 올림: 3.795 ⇨ 3.8
• 버림: 3.795 ⇨ 3.79
• 반올림: 3.795 ⇨ 3.8

40~45쪽 특강 창의 · 융합 · 코딩

창의 1 3, 4, 5, 6, 7, 8, 9 ; 4, 5, 6, 7, 8, 9 ; 3 ; 3
창의 2 7 ; 5 ; 9
융합 3

융합 4 초과 창의 5 110
융합 6 103000
융합 7 (왼쪽부터) 296만, 115만, 1324만, 160만, 267만, 67만
코딩 8 5000 코딩 9 3000

창의 1 • 3 이상인 수는 3과 같거나 큰 수입니다.
• 3 초과인 수는 3보다 큰 수입니다.

창의 2 • 경호: 615 ⇨ 700이므로 700 cm=7 m입니다.
• 지희: 492 ⇨ 500이므로 500 cm=5 m입니다.
• 연수: 837 ⇨ 900이므로 900 cm=9 m입니다.

융합 3 30에 ●, 38에 ○으로 표시하고 30과 38 사이에 선을 긋습니다.

융합 4 저울이 오른쪽으로 기울었으므로 오른쪽 추는 20 g보다 무겁습니다.
⇨ ★은 20보다 큰 수이므로 20 초과인 수입니다.

창의 5 직사각형의 둘레는 18 cm인 선분 6개로 이루어져 있으므로 $18 \times 6 = 108$ (cm)입니다.
108을 반올림하여 십의 자리까지 나타내면
108 ⇨ 110입니다.

융합 6 90달러$=1150 \times 90=103500$(원)이므로 103500원을 1000원짜리로 바꾸면 최대 103000원까지 바꿀 수 있습니다.

융합 7 인천: 2957026 ⇨ 296만,
울산: 1148019 ⇨ 115만,
경기: 13239666 ⇨ 1324만,
충북: 1600007 ⇨ 160만,
경북: 2665836 ⇨ 267만,
제주: 670989 ⇨ 67만

코딩 8
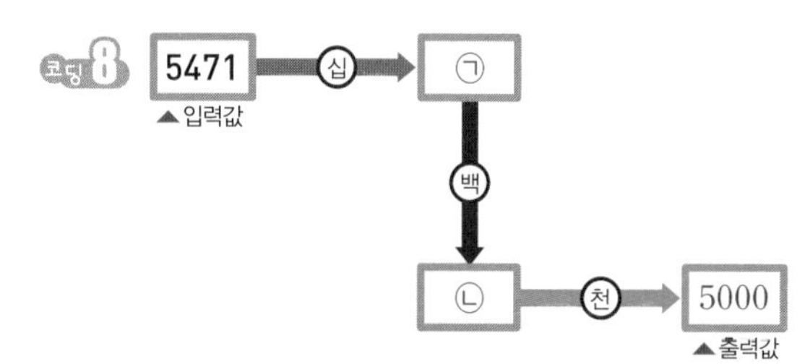

• ㉠: 5471 ⇨ 5480
• ㉡: 5480 ⇨ 5400
• 출력값: 5400 ⇨ 5000

코딩 9
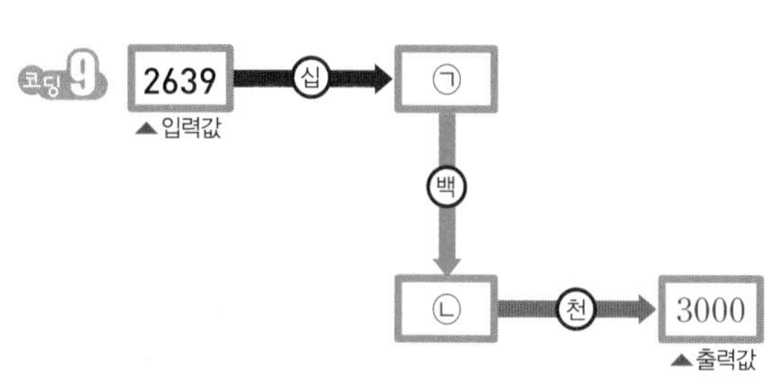

• ㉠: 2639 ⇨ 2630
• ㉡: 2630 ⇨ 2600
• 출력값: 2600 ⇨ 3000

정답 풀이

2주 • 분수의 곱셈

48~49쪽 2주에 배울 내용을 알아볼까요? ②

1-1 $\frac{1}{4}$　1-2 $\frac{5}{8}$

1-3 $\frac{3}{5}$　1-4 $\frac{2}{3}$

2-1 $1\frac{17}{24}$　2-2 $3\frac{11}{28}$

2-3 $9\frac{17}{36}$　2-4 $\frac{17}{40}$

2-5 $1\frac{7}{18}$　2-6 $\frac{17}{20}$

1-3 45와 27의 최대공약수: 9

⇨ $\frac{27}{45}=\frac{27\div9}{45\div9}=\frac{3}{5}$

1-4 36과 24의 최대공약수: 12

⇨ $\frac{24}{36}=\frac{24\div12}{36\div12}=\frac{2}{3}$

2-1 $\frac{7}{8}+\frac{5}{6}=\frac{21}{24}+\frac{20}{24}=\frac{41}{24}=1\frac{17}{24}$

2-2 $2\frac{1}{4}+1\frac{1}{7}=2\frac{7}{28}+1\frac{4}{28}=3\frac{11}{28}$

2-3 $3\frac{8}{9}+5\frac{7}{12}=3\frac{32}{36}+5\frac{21}{36}=8\frac{53}{36}=9\frac{17}{36}$

2-5 $1\frac{5}{9}-\frac{1}{6}=1\frac{10}{18}-\frac{3}{18}=1\frac{7}{18}$

2-6 $3\frac{1}{10}-2\frac{1}{4}=3\frac{2}{20}-2\frac{5}{20}=2\frac{22}{20}-2\frac{5}{20}=\frac{17}{20}$

51쪽 똑똑한 계산 연습

❶ 4, 8　❷ 3, 9

❸ 3, 3, 21, $5\frac{1}{4}$　❹ $\frac{9}{10}$

❺ $2\frac{2}{9}$　❻ $4\frac{1}{2}$　❼ $11\frac{1}{4}$

❽ $4\frac{4}{5}$　❾ $3\frac{1}{2}$　❿ $7\frac{1}{2}$

⓫ $13\frac{1}{3}$

❺ $\frac{5}{9}\times4=\frac{5\times4}{9}=\frac{20}{9}=2\frac{2}{9}$

❻ $\frac{3}{\cancel{4}_{2}}\times\cancel{6}^{3}=\frac{9}{2}=4\frac{1}{2}$

❼ $\frac{9}{\cancel{16}_{4}}\times\cancel{20}^{5}=\frac{45}{4}=11\frac{1}{4}$

❽ $\frac{8}{\cancel{15}_{5}}\times\cancel{9}^{3}=\frac{24}{5}=4\frac{4}{5}$

❾ $\frac{7}{\cancel{18}_{2}}\times\cancel{9}^{1}=\frac{7}{2}=3\frac{1}{2}$

❿ $\frac{5}{\cancel{14}_{2}}\times\cancel{21}^{3}=\frac{15}{2}=7\frac{1}{2}$

⓫ $\frac{8}{\cancel{15}_{3}}\times\cancel{25}^{5}=\frac{40}{3}=13\frac{1}{3}$

53쪽 똑똑한 계산 연습

❶ 5, 5, 15, 3, 3

❷ 11, 3, 11, 3, 33, $16\frac{1}{2}$

❸ $11\frac{1}{4}$　❹ $7\frac{1}{5}$　❺ 14

❻ 34　❼ $13\frac{1}{3}$　❽ $10\frac{4}{5}$

❾ $14\frac{2}{3}$　❿ $9\frac{1}{5}$

❹ $3\frac{3}{5}\times2=\frac{18}{5}\times2=\frac{18\times2}{5}=\frac{36}{5}=7\frac{1}{5}$

❺ $1\frac{1}{6}\times12=\frac{7}{\cancel{6}_{1}}\times\cancel{12}^{2}=14$

❻ $2\frac{3}{7}\times14=\frac{17}{\cancel{7}_{1}}\times\cancel{14}^{2}=34$

❼ $2\frac{2}{9}\times6=\frac{20}{\cancel{9}_{3}}\times\cancel{6}^{2}=\frac{40}{3}=13\frac{1}{3}$

❽ $1\frac{7}{20}\times8=\frac{27}{\cancel{20}_{5}}\times\cancel{8}^{2}=\frac{54}{5}=10\frac{4}{5}$

❾ $1\frac{7}{15}\times10=\frac{22}{\cancel{15}_{3}}\times\cancel{10}^{2}=\frac{44}{3}=14\frac{2}{3}$

❿ $2\frac{3}{10}\times4=\frac{23}{\cancel{10}_{5}}\times\cancel{4}^{2}=\frac{46}{5}=9\frac{1}{5}$

54~55쪽 기초 집중 연습

1-1 $8\frac{4}{7}$　　1-2 $10\frac{1}{2}$

1-3 $3\frac{1}{3}$　　1-4 $6\frac{3}{7}$

1-5 $12\frac{3}{4}$　　1-6 $28\frac{1}{2}$

2-1　　2-2

3-1 $2\frac{3}{11}$　　3-2 8, $8\frac{2}{5}$

3-3 9, $13\frac{4}{5}$　　3-4 15, $70\frac{1}{2}$

4-1 10, $6\frac{4}{5}$　　4-2 $2\frac{1}{12}$, 15, $31\frac{1}{4}$

1-3 $\frac{5}{\underset{3}{\cancel{21}}}\times\overset{2}{\cancel{14}}=\frac{10}{3}=3\frac{1}{3}$

1-5 $2\frac{1}{8}\times6=\frac{17}{\underset{4}{\cancel{8}}}\times\overset{3}{\cancel{6}}=\frac{51}{4}=12\frac{3}{4}$

1-6 $3\frac{1}{6}\times9=\frac{19}{\underset{2}{\cancel{6}}}\times\overset{3}{\cancel{9}}=\frac{57}{2}=28\frac{1}{2}$

2-1 $1\frac{1}{9}\times3=\frac{10}{\underset{3}{\cancel{9}}}\times\overset{1}{\cancel{3}}=\frac{10}{3}=3\frac{1}{3}$,

$\frac{8}{\underset{3}{\cancel{21}}}\times\overset{2}{\cancel{14}}=\frac{16}{3}=5\frac{1}{3}$

2-2 $\frac{9}{\underset{2}{\cancel{16}}}\times\overset{1}{\cancel{8}}=\frac{9}{2}=4\frac{1}{2}$,

$1\frac{1}{14}\times7=\frac{15}{\underset{2}{\cancel{14}}}\times\overset{1}{\cancel{7}}=\frac{15}{2}=7\frac{1}{2}$

3-2 $1\frac{1}{20}\times8=\frac{21}{\underset{5}{\cancel{20}}}\times\overset{2}{\cancel{8}}=\frac{42}{5}=8\frac{2}{5}$ (km)

3-3 $1\frac{8}{15}\times9=\frac{23}{\underset{5}{\cancel{15}}}\times\overset{3}{\cancel{9}}=\frac{69}{5}=13\frac{4}{5}$ (km)

3-4 $4\frac{7}{10}\times15=\frac{47}{\underset{2}{\cancel{10}}}\times\overset{3}{\cancel{15}}=\frac{141}{2}=70\frac{1}{2}$ (km)

4-1 $\frac{17}{\underset{5}{\cancel{25}}}\times\overset{2}{\cancel{10}}=\frac{34}{5}=6\frac{4}{5}$ (L)

4-2 $2\frac{1}{12}\times15=\frac{25}{\underset{4}{\cancel{12}}}\times\overset{5}{\cancel{15}}=\frac{125}{4}=31\frac{1}{4}$ (L)

57쪽 똑똑한 계산 연습

❶ 3, 6　　❷ 2, 10

❸ 25, $3\frac{1}{8}$　　❹ 2, 14, $4\frac{2}{3}$

❺ 16　　❻ 14　　❼ 10

❽ 18　　❾ $22\frac{1}{2}$　　❿ $7\frac{1}{2}$

⓫ $14\frac{2}{3}$　　⓬ $4\frac{1}{6}$

❺ $\overset{4}{\cancel{20}}\times\frac{4}{\underset{1}{\cancel{5}}}=16$　　❻ $\overset{2}{\cancel{18}}\times\frac{7}{\underset{1}{\cancel{9}}}=14$

❼ $\overset{2}{\cancel{12}}\times\frac{5}{\underset{1}{\cancel{6}}}=10$　　❽ $\overset{2}{\cancel{22}}\times\frac{9}{\underset{1}{\cancel{11}}}=18$

❾ $\overset{5}{\cancel{35}}\times\frac{9}{\underset{2}{\cancel{14}}}=\frac{45}{2}=22\frac{1}{2}$　　❿ $\overset{3}{\cancel{12}}\times\frac{5}{\underset{2}{\cancel{8}}}=\frac{15}{2}=7\frac{1}{2}$

⓫ $\overset{4}{\cancel{24}}\times\frac{11}{\underset{3}{\cancel{18}}}=\frac{44}{3}=14\frac{2}{3}$　　⓬ $\overset{5}{\cancel{10}}\times\frac{5}{\underset{6}{\cancel{12}}}=\frac{25}{6}=4\frac{1}{6}$

59쪽 똑똑한 계산 연습

❶ 5, 5, 20, 6, 2　　❷ 9, 9, 27, $6\frac{3}{4}$

❸ 19, 19, 38, $12\frac{2}{3}$　　❹ $6\frac{3}{5}$

❺ $10\frac{2}{7}$　　❻ 52　　❼ 18

❽ $37\frac{1}{2}$　　❾ $14\frac{1}{2}$

❹ $3\times2\frac{1}{5}=3\times\frac{11}{5}=\frac{3\times11}{5}=\frac{33}{5}=6\frac{3}{5}$

❺ $6\times1\frac{5}{7}=6\times\frac{12}{7}=\frac{6\times12}{7}=\frac{72}{7}=10\frac{2}{7}$

❻ $12\times4\frac{1}{3}=\overset{4}{\cancel{12}}\times\frac{13}{\underset{1}{\cancel{3}}}=52$

❼ $8\times2\frac{1}{4}=\overset{2}{\cancel{8}}\times\frac{9}{\underset{1}{\cancel{4}}}=18$

❽ $12\times3\frac{1}{8}=\overset{3}{\cancel{12}}\times\frac{25}{\underset{2}{\cancel{8}}}=\frac{75}{2}=37\frac{1}{2}$

❾ $7\times2\frac{1}{14}=\overset{1}{\cancel{7}}\times\frac{29}{\underset{2}{\cancel{14}}}=\frac{29}{2}=14\frac{1}{2}$

60~61쪽 기초 집중 연습

1-1 $8\times1\frac{5}{6}=\overset{4}{\cancel{8}}\times\frac{11}{\underset{3}{\cancel{6}}}=\frac{44}{3}=14\frac{2}{3}$

1-2 $12\times1\frac{3}{16}=\overset{3}{\cancel{12}}\times\frac{19}{\underset{4}{\cancel{16}}}=\frac{57}{4}=14\frac{1}{4}$

1-3 $10\times2\frac{5}{12}=\overset{5}{\cancel{10}}\times\frac{29}{\underset{6}{\cancel{12}}}=\frac{145}{6}=24\frac{1}{6}$

1-4 $15\times1\frac{3}{10}=\overset{3}{\cancel{15}}\times\frac{13}{\underset{2}{\cancel{10}}}=\frac{39}{2}=19\frac{1}{2}$

2-1 $2\frac{4}{13}$ 2-2 $1\frac{4}{5}$

2-3 $5\frac{4}{5}$ 2-4 33

3-1 $32\frac{2}{3}$ 3-2 $\frac{7}{12}$, 21

3-3 $2\frac{1}{4}$, $67\frac{1}{2}$ 3-4 $2\frac{1}{6}$, $58\frac{1}{2}$

4-1 $\frac{5}{6}$, $3\frac{1}{3}$ 4-2 $2\frac{3}{8}$, $14\frac{1}{4}$

2-1 $6\times\frac{5}{13}=\frac{6\times5}{13}=\frac{30}{13}=2\frac{4}{13}$

2-2 $\overset{3}{\cancel{12}}\times\frac{3}{\underset{5}{\cancel{20}}}=\frac{9}{5}=1\frac{4}{5}$

2-3 $5\times1\frac{4}{25}=\overset{1}{\cancel{5}}\times\frac{29}{\underset{5}{\cancel{25}}}=\frac{29}{5}=5\frac{4}{5}$

2-4 $12\times2\frac{3}{4}=\overset{3}{\cancel{12}}\times\frac{11}{\underset{1}{\cancel{4}}}=33$

3-1 $\overset{14}{\cancel{42}}\times\frac{7}{\underset{3}{\cancel{9}}}=\frac{98}{3}=32\frac{2}{3}$ (kg)

3-2 $\overset{3}{\cancel{36}}\times\frac{7}{\underset{1}{\cancel{12}}}=21$ (kg)

3-3 $30\times2\frac{1}{4}=\overset{15}{\cancel{30}}\times\frac{9}{\underset{2}{\cancel{4}}}=\frac{135}{2}=67\frac{1}{2}$ (kg)

3-4 $27\times2\frac{1}{6}=\overset{9}{\cancel{27}}\times\frac{13}{\underset{2}{\cancel{6}}}=\frac{117}{2}=58\frac{1}{2}$ (kg)

4-1 $\overset{2}{\cancel{4}}\times\frac{5}{\underset{3}{\cancel{6}}}=\frac{10}{3}=3\frac{1}{3}$ (m)

4-2 $6\times2\frac{3}{8}=\overset{3}{\cancel{6}}\times\frac{19}{\underset{4}{\cancel{8}}}=\frac{57}{4}=14\frac{1}{4}$ (m)

63쪽 똑똑한 계산 연습

❶ 3, 12 ❷ 2, 14

❸ 3, 5, $\frac{3}{35}$ ❹ 1, 2, $\frac{1}{12}$

❺ $\frac{1}{40}$ ❻ $\frac{1}{63}$ ❼ $\frac{1}{18}$

❽ $\frac{1}{24}$ ❾ $\frac{2}{15}$ ❿ $\frac{3}{22}$

⓫ $\frac{2}{35}$ ⓬ $\frac{2}{45}$

❼ $\frac{\overset{1}{\cancel{4}}}{9}\times\frac{1}{\underset{2}{\cancel{8}}}=\frac{1\times1}{9\times2}=\frac{1}{18}$

❽ $\frac{\overset{1}{\cancel{7}}}{12}\times\frac{1}{\underset{2}{\cancel{14}}}=\frac{1\times1}{12\times2}=\frac{1}{24}$

❾ $\frac{\overset{2}{\cancel{8}}}{15}\times\frac{1}{\underset{1}{\cancel{4}}}=\frac{2\times1}{15\times1}=\frac{2}{15}$

⓫ $\frac{1}{\underset{5}{\cancel{10}}}\times\frac{\overset{2}{\cancel{4}}}{7}=\frac{1\times2}{5\times7}=\frac{2}{35}$

⓬ $\frac{1}{\underset{3}{\cancel{21}}}\times\frac{\overset{2}{\cancel{14}}}{15}=\frac{1\times2}{3\times15}=\frac{2}{45}$

65쪽 똑똑한 계산 연습

❶ 3, 7, $\frac{12}{35}$ ❷ 5, 3, $\frac{5}{9}$

❸ 1, $\frac{5}{18}$ ❹ 4, $\frac{20}{27}$

❺ $\frac{9}{35}$ ❻ $\frac{7}{36}$ ❼ $\frac{3}{40}$

❽ $\frac{12}{55}$ ❾ $\frac{15}{22}$ ❿ $\frac{2}{5}$

⓫ $\frac{2}{9}$ ⓬ $\frac{3}{8}$

❺ $\frac{\overset{3}{\cancel{6}}}{7}\times\frac{3}{\underset{5}{\cancel{10}}}=\frac{9}{35}$ ❻ $\frac{\overset{1}{\cancel{5}}}{12}\times\frac{7}{\underset{3}{\cancel{15}}}=\frac{7}{36}$

❼ $\frac{\overset{3}{\cancel{6}}}{\underset{5}{\cancel{25}}}\times\frac{\overset{1}{\cancel{5}}}{\underset{8}{\cancel{16}}}=\frac{3}{40}$ ❽ $\frac{\overset{4}{\cancel{8}}}{11}\times\frac{3}{\underset{5}{\cancel{10}}}=\frac{12}{55}$

❾ $\frac{5}{\underset{2}{\cancel{6}}}\times\frac{\overset{3}{\cancel{9}}}{11}=\frac{15}{22}$ ❿ $\frac{\overset{1}{\cancel{5}}}{\underset{1}{\cancel{12}}}\times\frac{\overset{2}{\cancel{24}}}{\underset{5}{\cancel{25}}}=\frac{2}{5}$

⓫ $\frac{\overset{2}{\cancel{14}}}{\underset{3}{\cancel{39}}}\times\frac{\overset{1}{\cancel{13}}}{\underset{3}{\cancel{21}}}=\frac{2}{9}$ ⓬ $\frac{\overset{3}{\cancel{27}}}{\underset{2}{\cancel{34}}}\times\frac{\overset{1}{\cancel{17}}}{\underset{4}{\cancel{36}}}=\frac{3}{8}$

66~67쪽 기초 집중 연습

1-1

1-2

2-1 $\frac{1}{24}$　　2-2 $\frac{1}{55}$

2-3 $\frac{5}{52}$　　2-4 $\frac{2}{15}$

2-5 $\frac{32}{63}$　　2-6 $\frac{5}{12}$

3-1 $\frac{7}{10}$　　3-2 $\frac{12}{25}$, $\frac{9}{20}$

3-3 $\frac{9}{10}$, $\frac{1}{2}$　　3-4 $\frac{5}{6}$, $\frac{3}{4}$

4-1 $\frac{1}{2}$, $\frac{2}{7}$　　4-2 $\frac{8}{15}$, $\frac{4}{27}$

1-1 $\frac{\overset{1}{\cancel{4}}}{\underset{5}{\cancel{15}}}\times\frac{\overset{1}{\cancel{3}}}{\underset{4}{\cancel{16}}}=\frac{1}{20}$, $\frac{\overset{1}{\cancel{7}}}{\underset{2}{\cancel{12}}}\times\frac{\overset{3}{\cancel{18}}}{\underset{5}{\cancel{35}}}=\frac{3}{10}$

1-2 $\frac{\overset{1}{\cancel{5}}}{7}\times\frac{3}{\underset{2}{\cancel{10}}}=\frac{3}{14}$, $\frac{\overset{1}{\cancel{11}}}{\underset{3}{\cancel{15}}}\times\frac{\overset{2}{\cancel{10}}}{\underset{7}{\cancel{77}}}=\frac{2}{21}$

2-4 $\frac{1}{\underset{1}{\cancel{7}}}\times\frac{\overset{2}{\cancel{14}}}{15}=\frac{2}{15}$

2-5 $\frac{\overset{4}{\cancel{20}}}{21}\times\frac{8}{\underset{3}{\cancel{15}}}=\frac{32}{63}$

2-6 $\frac{\overset{1}{\cancel{9}}}{\underset{4}{\cancel{16}}}\times\frac{\overset{5}{\cancel{20}}}{\underset{3}{\cancel{27}}}=\frac{5}{12}$

3-1 $\frac{\overset{7}{\cancel{14}}}{\underset{5}{\cancel{15}}}\times\frac{\overset{1}{\cancel{3}}}{\underset{2}{\cancel{4}}}=\frac{7}{10}$ (m)

3-2 $\frac{\overset{3}{\cancel{15}}}{\underset{4}{\cancel{16}}}\times\frac{\overset{3}{\cancel{12}}}{\underset{5}{\cancel{25}}}=\frac{9}{20}$ (m)

3-4 $\frac{\overset{3}{\cancel{9}}}{\underset{2}{\cancel{10}}}\times\frac{\overset{1}{\cancel{5}}}{\underset{2}{\cancel{6}}}=\frac{3}{4}$ (m)

4-1 $\frac{\overset{2}{\cancel{4}}}{7}\times\frac{1}{\underset{1}{\cancel{2}}}=\frac{2}{7}$ (kg)

4-2 $\frac{\overset{1}{\cancel{5}}}{\underset{9}{\cancel{18}}}\times\frac{\overset{4}{\cancel{8}}}{\underset{3}{\cancel{15}}}=\frac{4}{27}$ (m)

69쪽 똑똑한 계산 연습

❶ 9, 3, 9, 27, 1, 13　❷ 11, 4, 44, $1\frac{17}{27}$

❸ $1\frac{3}{7}$　❹ $\frac{20}{27}$　❺ $\frac{21}{40}$

❻ $2\frac{2}{5}$　❼ 2　❽ 4

❾ $\frac{15}{16}$　❿ $2\frac{1}{7}$

❹ $\frac{4}{15}\times2\frac{7}{9}=\frac{4}{\underset{3}{\cancel{15}}}\times\frac{\overset{5}{\cancel{25}}}{9}=\frac{20}{27}$

❺ $\frac{9}{20}\times1\frac{1}{6}=\frac{\overset{3}{\cancel{9}}}{20}\times\frac{7}{\underset{2}{\cancel{6}}}=\frac{21}{40}$

❾ $2\frac{5}{8}\times\frac{5}{14}=\frac{\overset{3}{\cancel{21}}}{8}\times\frac{5}{\underset{2}{\cancel{14}}}=\frac{15}{16}$

❿ $3\frac{3}{7}\times\frac{5}{8}=\frac{\overset{3}{\cancel{24}}}{7}\times\frac{5}{\underset{1}{\cancel{8}}}=\frac{15}{7}=2\frac{1}{7}$

71쪽 똑똑한 계산 연습

❶ 5, 9, 45, 1, 17　❷ 22, 5, 88, $5\frac{13}{15}$

❸ $4\frac{3}{8}$　❹ $11\frac{1}{3}$　❺ 20

❻ 4　❼ $4\frac{1}{12}$　❽ $5\frac{3}{7}$

❾ 6　❿ $8\frac{1}{4}$

❺ $6\frac{2}{5}\times3\frac{1}{8}=\frac{\overset{4}{\cancel{32}}}{\underset{1}{\cancel{5}}}\times\frac{\overset{5}{\cancel{25}}}{\underset{1}{\cancel{8}}}=20$

❻ $3\frac{5}{7}\times1\frac{1}{13}=\frac{\overset{2}{\cancel{26}}}{\underset{1}{\cancel{7}}}\times\frac{\overset{2}{\cancel{14}}}{\underset{1}{\cancel{13}}}=4$

❼ $1\frac{3}{4}\times2\frac{1}{3}=\frac{7}{4}\times\frac{7}{3}=\frac{49}{12}=4\frac{1}{12}$

❽ $1\frac{4}{15}\times4\frac{2}{7}=\frac{19}{\underset{1}{\cancel{15}}}\times\frac{\overset{2}{\cancel{30}}}{7}=\frac{38}{7}=5\frac{3}{7}$

❾ $2\frac{5}{8}\times2\frac{2}{7}=\frac{\overset{3}{\cancel{21}}}{\underset{1}{\cancel{8}}}\times\frac{\overset{2}{\cancel{16}}}{\underset{1}{\cancel{7}}}=6$

❿ $3\frac{1}{7}\times2\frac{5}{8}=\frac{\overset{11}{\cancel{22}}}{\underset{1}{\cancel{7}}}\times\frac{\overset{3}{\cancel{21}}}{\underset{4}{\cancel{8}}}=\frac{33}{4}=8\frac{1}{4}$

72~73쪽 기초 집중 연습

1-1 $2\frac{1}{4}$	**1-2** $1\frac{13}{14}$
1-3 $7\frac{1}{2}$	**1-4** $6\frac{2}{3}$
2-1 $3\frac{1}{3}$	**2-2** $1\frac{1}{4}$
2-3 $5\frac{2}{5}$	**2-4** $3\frac{8}{9}$
3-1 $4\frac{5}{7}$	**3-2** $3\frac{3}{5}$, $7\frac{1}{2}$
3-3 $6\frac{9}{11}$	**3-4** $2\frac{3}{7}$, $11\frac{1}{3}$
4-1 $2\frac{1}{7}$, $5\frac{1}{4}$	**4-2** $3\frac{1}{5}$, $23\frac{1}{5}$

1-2 $\frac{3}{10}\times6\frac{3}{7}=\frac{3}{\underset{2}{\cancel{10}}}\times\frac{\overset{9}{\cancel{45}}}{7}=\frac{27}{14}=1\frac{13}{14}$

1-3 $5\frac{5}{11}\times1\frac{3}{8}=\frac{\overset{15}{\cancel{60}}}{\underset{1}{\cancel{11}}}\times\frac{\overset{1}{\cancel{11}}}{\underset{2}{\cancel{8}}}=\frac{15}{2}=7\frac{1}{2}$

1-4 $3\frac{1}{8}\times2\frac{2}{15}=\frac{\overset{5}{\cancel{25}}}{\underset{1}{\cancel{8}}}\times\frac{\overset{4}{\cancel{32}}}{\underset{3}{\cancel{15}}}=\frac{20}{3}=6\frac{2}{3}$

2-2 $\frac{3}{5}\times2\frac{1}{12}=\frac{\overset{1}{\cancel{3}}}{\underset{1}{\cancel{5}}}\times\frac{\overset{5}{\cancel{25}}}{\underset{4}{\cancel{12}}}=\frac{5}{4}=1\frac{1}{4}$

2-3 $2\frac{4}{7}\times2\frac{1}{10}=\frac{\overset{9}{\cancel{18}}}{\underset{1}{\cancel{7}}}\times\frac{\overset{3}{\cancel{21}}}{\underset{5}{\cancel{10}}}=\frac{27}{5}=5\frac{2}{5}$

2-4 $1\frac{1}{4}\times3\frac{1}{9}=\frac{5}{\underset{1}{\cancel{4}}}\times\frac{\overset{7}{\cancel{28}}}{9}=\frac{35}{9}=3\frac{8}{9}$

3-1 $3\frac{3}{7}\times1\frac{3}{8}=\frac{\overset{3}{\cancel{24}}}{7}\times\frac{11}{\underset{1}{\cancel{8}}}=\frac{33}{7}=4\frac{5}{7}\ (m^2)$

3-2 $2\frac{1}{12}\times3\frac{3}{5}=\frac{\overset{5}{\cancel{25}}}{\underset{2}{\cancel{12}}}\times\frac{\overset{3}{\cancel{18}}}{\underset{1}{\cancel{5}}}=\frac{15}{2}=7\frac{1}{2}\ (m^2)$

3-3 $3\frac{3}{11}\times2\frac{1}{12}=\frac{\overset{3}{\cancel{36}}}{11}\times\frac{25}{\underset{1}{\cancel{12}}}=\frac{75}{11}=6\frac{9}{11}\ (m^2)$

3-4 $4\frac{2}{3}\times2\frac{3}{7}=\frac{\overset{2}{\cancel{14}}}{3}\times\frac{17}{\underset{1}{\cancel{7}}}=\frac{34}{3}=11\frac{1}{3}\ (m^2)$

4-1 $2\frac{9}{20}\times2\frac{1}{7}=\frac{\overset{7}{\cancel{49}}}{\underset{4}{\cancel{20}}}\times\frac{\overset{3}{\cancel{15}}}{\underset{1}{\cancel{7}}}=\frac{21}{4}=5\frac{1}{4}\ (cm^2)$

4-2 $7\frac{1}{4}\times3\frac{1}{5}=\frac{29}{\underset{1}{\cancel{4}}}\times\frac{\overset{4}{\cancel{16}}}{5}=\frac{116}{5}=23\frac{1}{5}\ (cm^2)$

75쪽 똑똑한 계산 연습

❶ 4, 6, $\frac{1}{72}$	❷ 2, 3, $\frac{7}{48}$	
❸ 4, $\frac{9}{40}$	❹ $\frac{1}{140}$	❺ $\frac{1}{90}$
❻ $\frac{3}{40}$	❼ $\frac{27}{44}$	❽ $\frac{3}{32}$
❾ $\frac{1}{12}$	❿ $\frac{5}{16}$	⓫ $\frac{1}{12}$

❻ $\frac{\overset{1}{\cancel{2}}}{\underset{1}{\cancel{7}}}\times\frac{3}{\underset{4}{\cancel{8}}}\times\frac{\overset{1}{\cancel{7}}}{10}=\frac{3}{40}$

❼ $\frac{\overset{3}{\cancel{9}}}{11}\times\frac{\overset{1}{\cancel{5}}}{\underset{2}{\cancel{6}}}\times\frac{9}{\underset{2}{\cancel{10}}}=\frac{27}{44}$

❽ $\frac{\overset{3}{\cancel{9}}}{\underset{2}{\cancel{14}}}\times\frac{1}{4}\times\frac{\overset{1}{\cancel{7}}}{\underset{4}{\cancel{12}}}=\frac{3}{32}$

❾ $\frac{\overset{1}{\cancel{5}}}{\underset{3}{\cancel{9}}}\times\frac{\overset{1}{\cancel{3}}}{4}\times\frac{1}{\underset{1}{\cancel{5}}}=\frac{1}{12}$

❿ $\frac{5}{\underset{2}{\cancel{6}}}\times\frac{\overset{1}{\cancel{3}}}{\underset{1}{\cancel{7}}}\times\frac{\overset{1}{\cancel{7}}}{8}=\frac{5}{16}$

⓫ $\frac{\overset{1}{\cancel{7}}}{\underset{3}{\cancel{15}}}\times\frac{\overset{1}{\cancel{5}}}{\underset{2}{\cancel{22}}}\times\frac{\overset{1}{\cancel{11}}}{\underset{2}{\cancel{14}}}=\frac{1}{12}$

77쪽 똑똑한 계산 연습

❶ 11, 2, $\frac{33}{70}$	❷ 19, 3, 2, 19, $3\frac{1}{6}$	
❸ $\frac{4}{9}$	❹ $\frac{20}{27}$	❺ $21\frac{1}{3}$
❻ $29\frac{1}{6}$	❼ 96	❽ $12\frac{6}{7}$
❾ $2\frac{7}{10}$	❿ $4\frac{7}{8}$	

❸ $\frac{2}{3}\times1\frac{1}{4}\times\frac{8}{15}=\frac{2}{3}\times\frac{\overset{1}{\cancel{5}}}{\underset{1}{\cancel{4}}}\times\frac{\overset{2}{\cancel{8}}}{\underset{3}{\cancel{15}}}=\frac{4}{9}$

❹ $\frac{2}{9}\times3\frac{4}{7}\times\frac{14}{15}=\frac{2}{9}\times\frac{\overset{5}{\cancel{25}}}{\underset{1}{\cancel{7}}}\times\frac{\overset{2}{\cancel{14}}}{\underset{3}{\cancel{15}}}=\frac{20}{27}$

❺ $2\frac{2}{9}\times12\times\frac{4}{5}=\frac{\overset{4}{\cancel{20}}}{\underset{3}{\cancel{9}}}\times\overset{4}{\cancel{12}}\times\frac{4}{\underset{1}{\cancel{5}}}=\frac{64}{3}=21\frac{1}{3}$

❻ $\frac{5}{6}\times3\frac{1}{2}\times10=\frac{5}{\underset{3}{\cancel{6}}}\times\frac{7}{2}\times\overset{5}{\cancel{10}}=\frac{175}{6}=29\frac{1}{6}$

⑧ $8\times1\frac{1}{4}\times1\frac{2}{7}=\overset{2}{\cancel{8}}\times\frac{5}{\underset{1}{\cancel{4}}}\times\frac{9}{7}=\frac{90}{7}=12\frac{6}{7}$

⑨ $\frac{7}{10}\times2\frac{1}{7}\times1\frac{4}{5}=\frac{\overset{1}{\cancel{7}}}{\underset{2}{\cancel{10}}}\times\frac{\overset{3}{\cancel{15}}}{\underset{1}{\cancel{7}}}\times\frac{9}{5}=\frac{27}{10}=2\frac{7}{10}$

⑩ $\frac{13}{18}\times3\frac{1}{4}\times2\frac{1}{13}=\frac{\overset{1}{\cancel{13}}}{\underset{2}{\cancel{18}}}\times\frac{13}{4}\times\frac{\overset{3}{\cancel{27}}}{\underset{1}{\cancel{13}}}=\frac{39}{8}=4\frac{7}{8}$

78~79쪽 기초 집중 연습

1-1 $\frac{15}{16}\times1\frac{3}{5}\times\frac{7}{10}=\frac{\overset{3}{\cancel{15}}}{\underset{2}{\cancel{16}}}\times\frac{\overset{1}{\cancel{8}}}{\underset{1}{\cancel{5}}}\times\frac{7}{10}=\frac{21}{20}=1\frac{1}{20}$

1-2 $\frac{21}{25}\times\frac{4}{5}\times3\frac{1}{3}=\frac{\overset{7}{\cancel{21}}}{\underset{5}{\cancel{25}}}\times\frac{4}{5}\times\frac{\overset{2}{\cancel{10}}}{\underset{1}{\cancel{3}}}=\frac{56}{25}=2\frac{6}{25}$

1-3 $1\frac{4}{13}\times\frac{8}{9}\times\frac{13}{16}=\frac{17}{\underset{1}{\cancel{13}}}\times\frac{\overset{1}{\cancel{8}}}{9}\times\frac{\overset{1}{\cancel{13}}}{\underset{2}{\cancel{16}}}=\frac{17}{18}$

1-4 $\frac{5}{9}\times1\frac{2}{7}\times2\frac{5}{8}=\frac{5}{\underset{1}{\cancel{9}}}\times\frac{\overset{1}{\cancel{9}}}{\underset{1}{\cancel{7}}}\times\frac{\overset{3}{\cancel{21}}}{8}=\frac{15}{8}=1\frac{7}{8}$

2-1 $\frac{11}{56}$ **2-2** $\frac{10}{27}$

2-3 $1\frac{17}{48}$ **2-4** $2\frac{2}{15}$

3-1 $4\frac{1}{2}$ **3-2** $1\frac{1}{4}$, $5\frac{5}{7}$

3-3 $3\frac{2}{11}$, 28 **3-4** $1\frac{1}{5}$, $20\frac{2}{3}$

4-1 $1\frac{3}{7}$, $37\frac{1}{2}$ **4-2** $3\frac{1}{6}$, $40\frac{1}{9}$

2-1 $\frac{\overset{1}{\cancel{3}}}{\underset{2}{\cancel{8}}}\times\frac{\overset{1}{\cancel{4}}}{7}\times\frac{11}{\underset{4}{\cancel{12}}}=\frac{11}{56}$

2-2 $\frac{\overset{2}{\cancel{20}}}{\underset{3}{\cancel{21}}}\times\frac{\overset{1}{\cancel{7}}}{\underset{1}{\cancel{10}}}\times\frac{5}{9}=\frac{10}{27}$

2-3 $\frac{7}{8}\times\frac{13}{18}\times2\frac{1}{7}=\frac{\overset{1}{\cancel{7}}}{8}\times\frac{13}{\underset{6}{\cancel{18}}}\times\frac{\overset{5}{\cancel{15}}}{\underset{1}{\cancel{7}}}=\frac{65}{48}=1\frac{17}{48}$

2-4 $3\frac{11}{15}\times1\frac{3}{7}\times\frac{2}{5}=\frac{\overset{8}{\cancel{56}}}{\underset{3}{\cancel{15}}}\times\frac{\overset{2}{\cancel{10}}}{\underset{1}{\cancel{7}}}\times\frac{2}{5}=\frac{32}{15}=2\frac{2}{15}$

3-1 $\frac{9}{10}\times1\frac{2}{3}\times3=\frac{\overset{3}{\cancel{9}}}{\underset{2}{\cancel{10}}}\times\frac{\overset{1}{\cancel{5}}}{\underset{1}{\cancel{3}}}\times3=\frac{9}{2}=4\frac{1}{2}$ (L)

3-2 $\frac{16}{21}\times1\frac{1}{4}\times6=\frac{\overset{4}{\cancel{16}}}{\underset{7}{\cancel{21}}}\times\frac{5}{\underset{1}{\cancel{4}}}\times\overset{2}{\cancel{6}}=\frac{40}{7}=5\frac{5}{7}$ (L)

3-3 $2\frac{1}{5}\times3\frac{2}{11}\times4=\frac{\overset{1}{\cancel{11}}}{\underset{1}{\cancel{5}}}\times\frac{\overset{7}{\cancel{35}}}{\underset{1}{\cancel{11}}}\times4=28$ (L)

3-4 $3\frac{4}{9}\times1\frac{1}{5}\times5=\frac{31}{\underset{3}{\cancel{9}}}\times\frac{\overset{2}{\cancel{6}}}{\underset{1}{\cancel{5}}}\times\overset{1}{\cancel{5}}=\frac{62}{3}=20\frac{2}{3}$ (L)

4-1 $4\frac{3}{8}\times1\frac{3}{7}\times6=\frac{\overset{5}{\cancel{35}}}{\underset{\underset{2}{\cancel{4}}}{\cancel{8}}}\times\frac{\overset{5}{\cancel{10}}}{\underset{1}{\cancel{7}}}\times\overset{3}{\cancel{6}}=\frac{75}{2}=37\frac{1}{2}$ (cm^2)

4-2 $3\frac{1}{6}\times3\frac{1}{6}\times4=\frac{19}{\underset{3}{\cancel{6}}}\times\frac{19}{\underset{3}{\cancel{6}}}\times\overset{\overset{1}{\cancel{2}}}{\cancel{4}}=\frac{361}{9}=40\frac{1}{9}$ (cm^2)

80~81쪽 누구나 100점 맞는 TEST

① $7\frac{5}{7}$	② $13\frac{3}{4}$	③ $3\frac{1}{9}$
④ $13\frac{1}{2}$	⑤ $3\frac{3}{7}$	⑥ $7\frac{4}{5}$
⑦ $16\frac{2}{3}$	⑧ $43\frac{3}{4}$	⑨ $\frac{1}{48}$
⑩ $\frac{1}{91}$	⑪ $\frac{7}{50}$	⑫ $\frac{1}{30}$
⑬ $\frac{15}{44}$	⑭ $\frac{11}{26}$	⑮ $2\frac{1}{10}$
⑯ $\frac{20}{27}$	⑰ $5\frac{1}{2}$	⑱ 12
⑲ $\frac{10}{33}$	⑳ $5\frac{5}{6}$	

③ $1\frac{1}{27}\times3=\frac{28}{\underset{9}{\cancel{27}}}\times\overset{1}{\cancel{3}}=\frac{28}{9}=3\frac{1}{9}$

④ $1\frac{7}{20}\times10=\frac{27}{\underset{2}{\cancel{20}}}\times\overset{1}{\cancel{10}}=\frac{27}{2}=13\frac{1}{2}$

⑧ $14\times3\frac{1}{8}=\overset{7}{\cancel{14}}\times\frac{25}{\underset{4}{\cancel{8}}}=\frac{175}{4}=43\frac{3}{4}$

⑮ $\frac{7}{12}\times3\frac{3}{5}=\frac{7}{\underset{2}{\cancel{12}}}\times\frac{\overset{3}{\cancel{18}}}{5}=\frac{21}{10}=2\frac{1}{10}$

⑰ $2\frac{1}{3}\times2\frac{5}{14}=\frac{\overset{1}{\cancel{7}}}{\underset{1}{\cancel{3}}}\times\frac{\overset{11}{\cancel{33}}}{\underset{2}{\cancel{14}}}=\frac{11}{2}=5\frac{1}{2}$

⑱ $4\frac{1}{5}\times2\frac{6}{7}=\frac{\overset{3}{\cancel{21}}}{\underset{1}{\cancel{5}}}\times\frac{\overset{4}{\cancel{20}}}{\underset{1}{\cancel{7}}}=12$

⑲ $\frac{\overset{1}{\cancel{7}}}{\underset{3}{\cancel{9}}}\times\frac{\overset{2}{\cancel{6}}}{11}\times\frac{5}{\underset{1}{\cancel{7}}}=\frac{10}{33}$

⑳ $\frac{5}{7}\times3\frac{4}{15}\times2\frac{1}{2}=\frac{\overset{1}{\cancel{5}}}{\underset{1}{\cancel{7}}}\times\frac{\overset{7}{\cancel{49}}}{\underset{3}{\cancel{15}}}\times\frac{5}{2}=\frac{35}{6}=5\frac{5}{6}$

82~87쪽 특강 창의 · 융합 · 코딩

- 창의 1 4, 2, 1, 1
- 융합 2 $2\frac{1}{2}$, $1\frac{9}{16}$
- 창의 3 9, 8(또는 8, 9) ; $\frac{1}{72}$
- 창의 4 도서관
- 융합 5 (1) 82 (2) $142\frac{1}{2}$ (3) $37\frac{1}{3}$ (4) $52\frac{1}{4}$
- 융합 6 $105\frac{3}{5}$
- 창의 7 (앞에서부터) $3\frac{3}{35}$, $2\frac{3}{4}$, $4\frac{4}{7}$, $3\frac{2}{3}$
- 코딩 8 $21\frac{1}{3}$

창의 1 ❶ $\frac{\overset{4}{\cancel{8}}}{\underset{9}{\cancel{27}}}\times\frac{\overset{1}{\cancel{3}}}{\underset{5}{\cancel{10}}}=\frac{4}{45}\rightarrow 4$

❷ $\frac{4}{\underset{3}{\cancel{9}}}\times\overset{5}{\cancel{15}}=\frac{20}{3}=6\frac{2}{3}\rightarrow 2$

❸ $3\frac{2}{5}\times3\frac{4}{7}=\frac{17}{\underset{1}{\cancel{5}}}\times\frac{\overset{5}{\cancel{25}}}{7}=\frac{85}{7}=12\frac{1}{7}\rightarrow 1$

❹ $21\times1\frac{3}{28}=\overset{3}{\cancel{21}}\times\frac{31}{\underset{4}{\cancel{28}}}=\frac{93}{4}=23\frac{1}{4}\rightarrow 1$

융합 2 공이 땅에 한 번 닿았다가 튀어 올랐을 때의 높이:

$\overset{1}{\cancel{4}}\times\frac{5}{\underset{2}{\cancel{8}}}=\frac{5}{2}=2\frac{1}{2}$ (m)

공이 땅에 두 번 닿았다가 튀어 올랐을 때의 높이:

$2\frac{1}{2}\times\frac{5}{8}=\frac{5}{2}\times\frac{5}{8}=\frac{25}{16}=1\frac{9}{16}$ (m)

창의 4

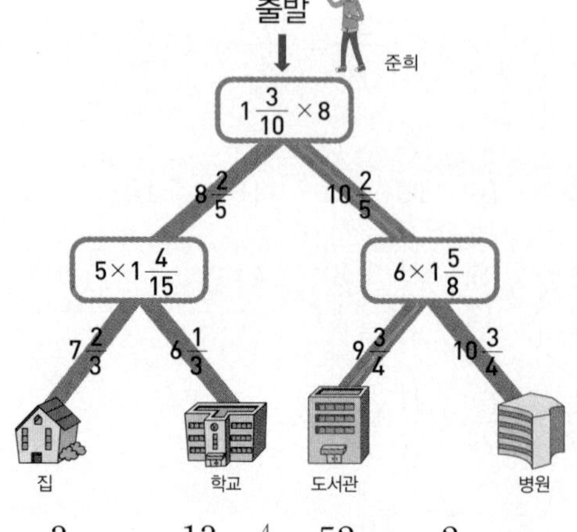

$1\frac{3}{10}\times8=\frac{13}{\underset{5}{\cancel{10}}}\times\overset{4}{\cancel{8}}=\frac{52}{5}=10\frac{2}{5}$

$6\times1\frac{5}{8}=\overset{3}{\cancel{6}}\times\frac{13}{\underset{4}{\cancel{8}}}=\frac{39}{4}=9\frac{3}{4}$

융합 5 (1) $8\frac{1}{5}\times10=\frac{41}{\underset{1}{\cancel{5}}}\times\overset{2}{\cancel{10}}=82$ (kcal)

(2) $9\frac{1}{2}\times15=\frac{19}{2}\times15=\frac{285}{2}=142\frac{1}{2}$ (kcal)

(3) $2\frac{4}{5}\times13\frac{1}{3}=\frac{14}{\underset{1}{\cancel{5}}}\times\frac{\overset{8}{\cancel{40}}}{3}=\frac{112}{3}=37\frac{1}{3}$ (kcal)

(4) $5\frac{7}{10}\times9\frac{1}{6}=\frac{\overset{19}{\cancel{57}}}{\underset{2}{\cancel{10}}}\times\frac{\overset{11}{\cancel{55}}}{\underset{2}{\cancel{6}}}=\frac{209}{4}=52\frac{1}{4}$ (kcal)

융합 6 $13\frac{1}{5}\times8=\frac{66}{5}\times8=\frac{528}{5}=105\frac{3}{5}$ (km)

창의 7

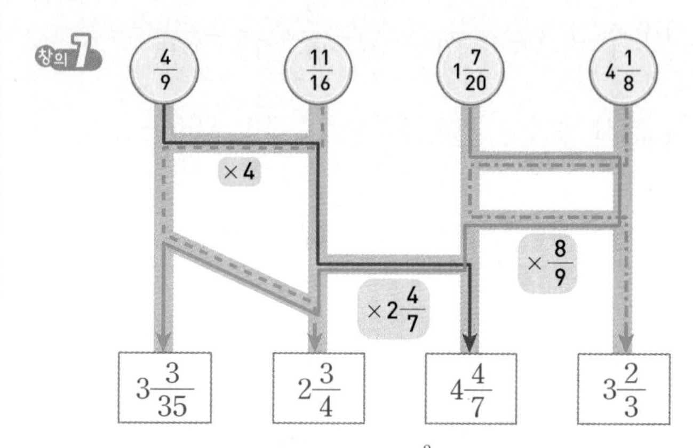

$\frac{4}{9}\times4\times2\frac{4}{7}=\frac{4}{\underset{1}{\cancel{9}}}\times4\times\frac{\overset{2}{\cancel{18}}}{7}=\frac{32}{7}=4\frac{4}{7}$

$\frac{11}{\underset{4}{\cancel{16}}}\times\overset{1}{\cancel{4}}=\frac{11}{4}=2\frac{3}{4}$

$1\frac{7}{20}\times\frac{8}{9}\times2\frac{4}{7}=\frac{\overset{3}{\cancel{27}}}{\underset{5}{\cancel{20}}}\times\frac{\overset{2}{\cancel{8}}}{\underset{1}{\cancel{9}}}\times\frac{18}{7}=\frac{108}{35}=3\frac{3}{35}$

$4\frac{1}{8}\times\frac{8}{9}=\frac{\overset{11}{\cancel{33}}}{\underset{1}{\cancel{8}}}\times\frac{\overset{1}{\cancel{8}}}{\underset{3}{\cancel{9}}}=\frac{11}{3}=3\frac{2}{3}$

코딩 8

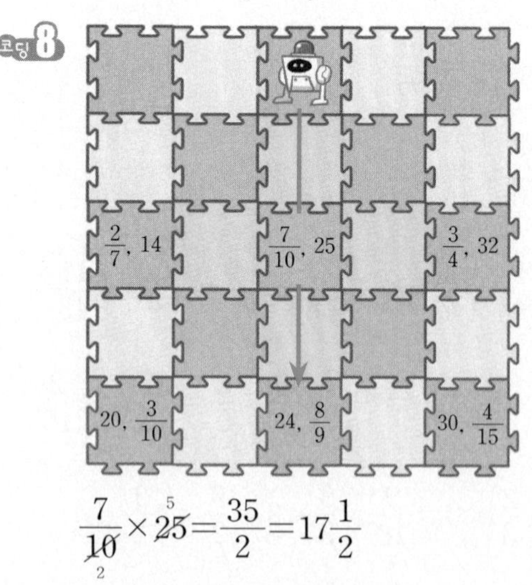

$\frac{7}{\underset{2}{\cancel{10}}}\times\overset{5}{\cancel{25}}=\frac{35}{2}=17\frac{1}{2}$

$\overset{8}{\cancel{24}}\times\frac{8}{\underset{3}{\cancel{9}}}=\frac{64}{3}=21\frac{1}{3}$

3주 소수의 곱셈 (1)

90~91쪽 3주에 배울 내용을 알아볼까요? ②

1-1 371 **1-2** 13.5
1-3 0.45 **1-4** 0.07
2-1 $1\frac{1}{8}$ **2-2** $1\frac{3}{5}$
2-3 $1\frac{7}{20}$ **2-4** $6\frac{3}{10}$
2-5 $2\frac{1}{2}$ **2-6** $12\frac{1}{2}$

1-1 $3.71 \xrightarrow{10배} 37.1 \xrightarrow{10배} 371$

1-2 $0.135 \xrightarrow{10배} 1.35 \xrightarrow{10배} 13.5$

1-3 $45 \xrightarrow{\frac{1}{10}} 4.5 \xrightarrow{\frac{1}{10}} 0.45$

1-4 $7 \xrightarrow{\frac{1}{10}} 0.7 \xrightarrow{\frac{1}{10}} 0.07$

2-1 $\frac{3}{8}\times3=\frac{3\times3}{8}=\frac{9}{8}=1\frac{1}{8}$

2-2 $4\times\frac{2}{5}=\frac{4\times2}{5}=\frac{8}{5}=1\frac{3}{5}$

2-5 $\frac{5}{\cancel{18}_2}\times\cancel{9}^1=\frac{5\times1}{2}=\frac{5}{2}=2\frac{1}{2}$

2-6 $\cancel{15}^5\times\frac{5}{\cancel{6}_2}=\frac{5\times5}{2}=\frac{25}{2}=12\frac{1}{2}$

93쪽 똑똑한 계산 연습

❶ 1.5 ❷ 1.6 ❸ 2.8
❹ 4.2 ❺ 4.5 ❻ 1.2
❼ 5.4 ❽ 9.8 ❾ 18.5
❿ 5.6 ⓫ 3.6 ⓬ 2.1
⓭ 5.6 ⓮ 29.7 ⓯ 11.2

❿
$$\begin{array}{r} 0.7 \\ \times\ \ 8 \\ \hline 5.6 \end{array}$$

⓫
$$\begin{array}{r} 0.6 \\ \times\ \ 6 \\ \hline 3.6 \end{array}$$

⓮
$$\begin{array}{r} 0.9 \\ \times\ 33 \\ \hline 29.7 \end{array}$$

⓯
$$\begin{array}{r} 0.4 \\ \times\ 28 \\ \hline 11.2 \end{array}$$

95쪽 똑똑한 계산 연습

❶ 0.39 ❷ 0.84 ❸ 0.68
❹ 2.25 ❺ 1.26 ❻ 3.68

❼

	0.	2	9
×		2	4
	1	1	6
	5	8	
	6.	9	6

❽

	0.	3	5
×		1	7
	2	4	5
	3	5	
	5.	9	5

❾

	0.	6	2
×		4	8
	4	9	6
2	4	8	
2	9.	7	6

❿ 0.64
⓫ 1.26
⓬ 2.16
⓭ 10.79
⓮ 24.99
⓯ 12.22

❿
$$\begin{array}{r} 0.16 \\ \times\ \ \ 4 \\ \hline 0.64 \end{array}$$

⓭
$$\begin{array}{r} 0.83 \\ \times\ 13 \\ \hline 249 \\ 83\ \ \\ \hline 10.79 \end{array}$$

⓮
$$\begin{array}{r} 0.51 \\ \times\ 49 \\ \hline 459 \\ 204\ \ \\ \hline 24.99 \end{array}$$

⓯
$$\begin{array}{r} 0.47 \\ \times\ 26 \\ \hline 282 \\ 94\ \ \\ \hline 12.22 \end{array}$$

96~97쪽 기초 집중 연습

1-1 $0.3\times9=\frac{3}{10}\times9=\frac{3\times9}{10}=\frac{27}{10}=2.7$

1-2 $0.23\times3=\frac{23}{100}\times3=\frac{23\times3}{100}=\frac{69}{100}=0.69$

2-1 3.2 **2-2** 0.66
2-3 3.6 **2-4** 2.05
2-5 7.8 **2-6** 9.01
3-1 0.4, 2.4 **3-2** 4, 0.72
3-3 0.5, 5, 2.5 **3-4** 0.14, 8, 1.12
4-1 6, 4.8 **4-2** 0.29, 0.87
4-3 7, 2.1 **4-4** 0.45, 5, 2.25

정답 풀이

1-1 $0.3=\frac{3}{10}$임을 이용합니다.

1-2 $0.23=\frac{23}{100}$임을 이용합니다.

2-5
$$\begin{array}{r} 0.6 \\ \times\ 1\ 3 \\ \hline 7.8 \end{array}$$

2-6
$$\begin{array}{r} 0.5\ 3 \\ \times\quad 1\ 7 \\ \hline 3\ 7\ 1 \\ 5\ 3\ \ \\ \hline 9.0\ 1 \end{array}$$

3-1 (오렌지 6개의 무게)$=0.4\times6=2.4$ (kg)

3-2 (복숭아 4개의 무게)$=0.18\times4=0.72$ (kg)

4-1 0.8을 6번 더한 것
⇨ $0.8\times6=4.8$

4-2 0.29를 3번 더한 것
⇨ $0.29\times3=0.87$

4-3 (은호가 7일 동안 마신 우유의 양)
$=0.3\times7=2.1$ (L)

4-4 (선우가 5일 동안 먹은 초콜릿의 양)
$=0.45\times5=2.25$ (kg)

99쪽 똑똑한 계산 연습

① 4.8 ② 6.9 ③ 6.4
④ 7.2 ⑤ 8.2 ⑥ 16.2

⑦

		6.	3
	×	1	4
	2	5	2
	6	3	
	8	8.	2

⑧

		8.	3
	×	4	3
	2	4	9
3	3	2	
3	5	6.	9

⑨

		7.	2
	×	3	8
	5	7	6
2	1	6	
2	7	3.	6

⑩ 2.8
⑪ 7.8
⑫ 6.8
⑬ 64.8
⑭ 81.2
⑮ 130.5

⑫
$$\begin{array}{r} 3.4 \\ \times\quad 2 \\ \hline 6.8 \end{array}$$

⑬
$$\begin{array}{r} 2.4 \\ \times\ 2\ 7 \\ \hline 1\ 6\ 8 \\ 4\ 8\ \ \\ \hline 6\ 4.8 \end{array}$$

⑭
$$\begin{array}{r} 5.8 \\ \times\ 1\ 4 \\ \hline 2\ 3\ 2 \\ 5\ 8\ \ \\ \hline 8\ 1.2 \end{array}$$

⑮
$$\begin{array}{r} 4.5 \\ \times\ 2\ 9 \\ \hline 4\ 0\ 5 \\ 9\ 0\ \ \\ \hline 1\ 3\ 0.5 \end{array}$$

101쪽 똑똑한 계산 연습

① 2.46 ② 6.63 ③ 4.96
④ 7.35 ⑤ 15.26 ⑥ 29.25

⑦

	5.	2	9
×		1	3
1	5	8	7
5	2	9	
6	8.	7	7

⑧

	4.	3	8
×		1	8
3	5	0	4
4	3	8	
7	8.	8	4

⑨

	3.	6	2
×		2	7
2	5	3	4
7	2	4	
9	7.	7	4

⑩ 6.36
⑪ 32.52
⑫ 19.35
⑬ 78.24
⑭ 81.54
⑮ 148.35

⑩
$$\begin{array}{r} 2.1\ 2 \\ \times\quad\ 3 \\ \hline 6.3\ 6 \end{array}$$

⑪
$$\begin{array}{r} 5.4\ 2 \\ \times\quad\ 6 \\ \hline 3\ 2.5\ 2 \end{array}$$

⑫
$$\begin{array}{r} 3.8\ 7 \\ \times\quad\ 5 \\ \hline 1\ 9.3\ 5 \end{array}$$

⑬
$$\begin{array}{r} 3.2\ 6 \\ \times\quad 2\ 4 \\ \hline 1\ 3\ 0\ 4 \\ 6\ 5\ 2\ \ \\ \hline 7\ 8.2\ 4 \end{array}$$

⑭
$$\begin{array}{r} 4.5\ 3 \\ \times\quad 1\ 8 \\ \hline 3\ 6\ 2\ 4 \\ 4\ 5\ 3\ \ \\ \hline 8\ 1.5\ 4 \end{array}$$

⑮
$$\begin{array}{r} 6.4\ 5 \\ \times\quad 2\ 3 \\ \hline 1\ 9\ 3\ 5 \\ 1\ 2\ 9\ 0\ \ \\ \hline 1\ 4\ 8.3\ 5 \end{array}$$

102~103쪽 기초 집중 연습

1-1 $1.7\times4=\frac{17}{10}\times4=\frac{17\times4}{10}=\frac{68}{10}=6.8$

1-2 $1.54\times3=\frac{154}{100}\times3=\frac{154\times3}{100}=\frac{462}{100}=4.62$

2-1 6.8　**2-2** 8.25
2-3 29.5　**2-4** 19.88
2-5 47.3　**2-6** 40.56
3-1 3, 8.4　**3-2** 3.18, 12.72
3-3 31.8　**3-4** 22.85
4-1 9, 85.5　**4-2** 2.72, 21.76

1-1 $1.7=\frac{17}{10}$임을 이용합니다.

1-2 $1.54=\frac{154}{100}$임을 이용합니다.

2-5
```
   4.3
 × 1 1
 -----
   4 3
 4 3
 -----
 4 7.3
```

2-6
```
   3.1 2
 ×   1 3
 -------
   9 3 6
 3 1 2
 -------
 4 0.5 6
```

3-1 (화단의 넓이)=(가로)×(세로)
$=2.8\times3=8.4\ (m^2)$

3-2 (화단의 넓이)=(가로)×(세로)
$=3.18\times4=12.72\ (m^2)$

3-3 $5.3\times6=31.8\ (m^2)$

3-4 $4.57\times5=22.85\ (m^2)$

4-1 (색 테이프 9개의 전체 길이)$=9.5\times9=85.5$ (m)

4-2 (끈 8개의 전체 길이)$=2.72\times8=21.76$ (m)

105쪽 똑똑한 계산 연습

① 1.8　② 3.5　③ 4.2
④ 3.2　⑤ 7.2　⑥ 1.2
⑦ 4.8　⑧ 12.5　⑨ 22.4
⑩ 2.5　⑪ 3.6　⑫ 5.4
⑬ 11.9　⑭ 20.8　⑮ 25.6

⑩
```
     5
 × 0.5
 -----
   2.5
```

⑪
```
     4
 × 0.9
 -----
   3.6
```

⑫
```
     9
 × 0.6
 -----
   5.4
```

⑬
```
   1 7
 × 0.7
 -----
 1 1.9
```

⑭
```
   5 2
 × 0.4
 -----
 2 0.8
```

⑮
```
   3 2
 × 0.8
 -----
 2 5.6
```

107쪽 똑똑한 계산 연습

① 0.36　② 0.68　③ 0.28
④ 1.15　⑤ 3.12　⑥ 3.65

⑦
```
       2 3
 × 0 . 1 2
 ---------
       4 6
     2 3
 ---------
     2.7 6
```

⑧
```
       1 3
 × 0 . 3 6
 ---------
       7 8
     3 9
 ---------
     4.6 8
```

⑨
```
       4 1
 × 0 . 7 5
 ---------
     2 0 5
   2 8 7
 ---------
   3 0.7 5
```

⑩ 0.62
⑪ 2.52
⑫ 1.61
⑬ 3.12
⑭ 7.36
⑮ 13.25

⑩
```
       2
 × 0.3 1
 -------
   0.6 2
```

⑪
```
       4
 × 0.6 3
 -------
   2.5 2
```

⑫
```
       7
 × 0.2 3
 -------
   1.6 1
```

⑬
```
     2 6
 × 0.1 2
 -------
     5 2
   2 6
 -------
   3.1 2
```

⑭
```
     3 2
 × 0.2 3
 -------
     9 6
   6 4
 -------
   7.3 6
```

⑮
```
     5 3
 × 0.2 5
 -------
   2 6 5
 1 0 6
 -------
 1 3.2 5
```

정답 풀이

108~109쪽 기초 집중 연습

1-1 1.8 **1-2** 1.26
1-3 8 **1-4** 2.48
2-1 2.5 **2-2** 5.92
2-3 9.8 **2-4** 2.88
2-5 21.6 **2-6** 10.75
3-1 0.8, 27.2 **3-2** 0.94, 30.08
3-3 35 **3-4** 30.75
4-1 0.6, 144 **4-2** 2, 1.46

2-5
```
   2 4
 × 0.9
 2 1.6
```

2-6
```
     4 3
× 0.2 5
   2 1 5
   8 6
1 0.7 5
```

3-1 (영탁이의 몸무게)=(민호의 몸무게)×0.8
=34×0.8=27.2 (kg)

3-2 (민하의 몸무게)=(수현이의 몸무게)×0.94
=32×0.94=30.08 (kg)

3-3 (정우의 몸무게)=(아빠의 몸무게)×0.5
=70×0.5=35 (kg)

3-4 (아라의 몸무게)=(윤수의 몸무게)×0.75
=41×0.75=30.75 (kg)

4-1 (사용한 색 테이프의 길이)=240×0.6=144 (cm)

4-2 (사용한 리본 테이프의 길이)=2×0.73=1.46 (m)

111쪽 똑똑한 계산 연습

❶ 2.6 ❷ 8.4 ❸ 9.6
❹ 7.2 ❺ 12.3 ❻ 27.5

❼

	2	3
×	1.	1
	2	3
2	3	
2	5.	3

❽

	1	7
×	5.	6
1	0	2
8	5	
9	5.	2

❾

	1	2
×	3.	4
	4	8
3	6	
4	0.	8

❿ 4.5 ⓫ 11.2 ⓬ 14.4
⓭ 39.1 ⓮ 47.5 ⓯ 137.6

❿
```
    3
× 1.5
  4.5
```

⓫
```
    4
× 2.8
 1 1.2
```

⓬
```
    9
× 1.6
 1 4.4
```

⓭
```
  1 7
× 2.3
  5 1
3 4
3 9.1
```

⓮
```
  2 5
× 1.9
2 2 5
2 5
4 7.5
```

⓯
```
    3 2
  × 4.3
    9 6
1 2 8
1 3 7.6
```

113쪽 똑똑한 계산 연습

❶ 6.96 ❷ 6.35 ❸ 8.26
❹ 8.58 ❺ 7.68 ❻ 11.97

❼

		1	5
×	1.	2	1
		1	5
	3	0	
1	5		
1	8.	1	5

❽

		3	1
×	2.	1	4
	1	2	4
	3	1	
6	2		
6	6.	3	4

❾

		2	7
×	3.	2	3
		8	1
	5	4	
8	1		
8	7.	2	1

❿ 9.48
⓫ 11.48
⓬ 28.98
⓭ 21.12
⓮ 74.52
⓯ 95.34

❿
```
       4
× 2.3 7
  9.4 8
```

⓫
```
       7
× 1.6 4
1 1.4 8
```

⓬
```
       9
× 3.2 2
2 8.9 8
```

⓭
```
     1 6
× 1.3 2
     3 2
   4 8
 1 6
2 1.1 2
```

⑭
$$\begin{array}{r} 2\,3 \\ \times\ 3.2\,4 \\ \hline 9\,2 \\ 4\,6 \\ 6\,9 \\ \hline 7\,4.5\,2 \end{array}$$

⑮
$$\begin{array}{r} 4\,2 \\ \times\ 2.2\,7 \\ \hline 2\,9\,4 \\ 8\,4 \\ 8\,4 \\ \hline 9\,5.3\,4 \end{array}$$

114~115쪽 기초 집중 연습

1-1 4.2	**1-2** 6.04
1-3 37.4	**1-4** 52.08
2-1 9.6	**2-2** 12.15
2-3 50.4	**2-4** 29.37
3-1 1.6, 3.2	**3-2** 1.14, 3.42
3-3 4.8	**3-4** 5.45
4-1 3.3, 16.5	**4-2** 12, 29.76
4-3 7, 2.4, 16.8	**4-4** 6, 1.34, 8.04

1-1 곱하는 수가 $\frac{1}{10}$배이면 계산 결과도 $\frac{1}{10}$배입니다.

1-2 곱하는 수가 $\frac{1}{100}$배이면 계산 결과도 $\frac{1}{100}$배입니다.

2-1
$$\begin{array}{r} 2 \\ \times\ 4.8 \\ \hline 9.6 \end{array}$$

2-2
$$\begin{array}{r} 3 \\ \times\ 4.0\,5 \\ \hline 1\,2.1\,5 \end{array}$$

2-3
$$\begin{array}{r} 1\,4 \\ \times\ 3.6 \\ \hline 8\,4 \\ 4\,2 \\ \hline 5\,0.4 \end{array}$$

2-4
$$\begin{array}{r} 1\,1 \\ \times\ 2.6\,7 \\ \hline 7\,7 \\ 6\,6 \\ 2\,2 \\ \hline 2\,9.3\,7 \end{array}$$

3-1 2 km의 1.6배 ⇨ 2×1.6=3.2 (km)

3-2 3 km의 1.14배 ⇨ 3×1.14=3.42 (km)

3-3 4 km의 1.2배 ⇨ 4×1.2=4.8 (km)

3-4 5 km의 1.09배 ⇨ 5×1.09=5.45 (km)

4-1 5의 3.3배 ⇨ 5×3.3=16.5

4-3 (철근 2.4 m의 무게)=7×2.4=16.8 (kg)

4-4 (강아지의 무게)=6×1.34=8.04 (kg)

117쪽 똑똑한 계산 연습

❶ 0.27　❷ 0.04　❸ 0.05
❹ 0.32　❺ 0.54　❻ 0.18

❼

		0.	7	1
	×	0.	2	4
		2	8	4
	1	4	2	
0.	1	7	0	4

❽

		0.	5	3
	×	0.	5	2
		1	0	6
	2	6	5	
0.	2	7	5	6

❾

		0.	3	2
	×	0.	1	7
		2	2	4
		3	2	
0.	0	5	4	4

❿ 0.09
⓫ 0.28
⓬ 0.81
⓭ 0.21
⓮ 0.1075
⓯ 0.3772

⑩
$$\begin{array}{r} 0.3 \\ \times\ 0.3 \\ \hline 0.0\,9 \end{array}$$

⑪
$$\begin{array}{r} 0.4 \\ \times\ 0.7 \\ \hline 0.2\,8 \end{array}$$

⑫
$$\begin{array}{r} 0.9 \\ \times\ 0.9 \\ \hline 0.8\,1 \end{array}$$

⑬
$$\begin{array}{r} 0.7 \\ \times\ 0.3 \\ \hline 0.2\,1 \end{array}$$

⑭
$$\begin{array}{r} 0.2\,5 \\ \times\ 0.4\,3 \\ \hline 7\,5 \\ 1\,0\,0 \\ \hline 0.1\,0\,7\,5 \end{array}$$

⑮
$$\begin{array}{r} 0.4\,6 \\ \times\ 0.8\,2 \\ \hline 9\,2 \\ 3\,6\,8 \\ \hline 0.3\,7\,7\,2 \end{array}$$

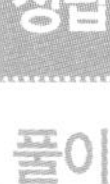

119쪽 똑똑한 계산 연습

❶ 0.063　❷ 0.098　❸ 0.128
❹ 0.175　❺ 0.252　❻ 0.301
❼ 0.045　❽ 0.243　❾ 0.416
❿ 0.032　⓫ 0.144　⓬ 0.294
⓭ 0.078　⓮ 0.155　⓯ 0.448

⑩ $$\begin{array}{r} 0.2 \\ \times\ 0.16 \\ \hline 0.032 \end{array}$$

⑪ $$\begin{array}{r} 0.4 \\ \times\ 0.36 \\ \hline 0.144 \end{array}$$

⑫ $$\begin{array}{r} 0.7 \\ \times\ 0.42 \\ \hline 0.294 \end{array}$$

⑬ $$\begin{array}{r} 0.26 \\ \times\ \ 0.3 \\ \hline 0.078 \end{array}$$

⑭ $$\begin{array}{r} 0.31 \\ \times\ \ 0.5 \\ \hline 0.155 \end{array}$$

⑮ $$\begin{array}{r} 0.56 \\ \times\ \ 0.8 \\ \hline 0.448 \end{array}$$

120~121쪽 기초 집중 연습

1-1 $0.7\times0.12=\frac{7}{10}\times\frac{12}{100}=\frac{84}{1000}=0.084$

1-2 $0.41\times0.3=\frac{41}{100}\times\frac{3}{10}=\frac{123}{1000}=0.123$

2-1 0.48	**2-2** 0.112
2-3 0.35	**2-4** 0.045
2-5 0.4416	**2-6** 0.153
3-1 0.6, 0.42	**3-2** 0.85, 0.425
3-3 0.9, 0.76, 0.684	**3-4** 0.64, 0.8, 0.512
4-1 0.54, 0.486	**4-2** 0.48, 0.1536
4-3 0.4, 0.32	**4-4** 0.7, 0.441

1-1 $0.7=\frac{7}{10}$, $0.12=\frac{12}{100}$임을 이용합니다.

1-2 $0.41=\frac{41}{100}$, $0.3=\frac{3}{10}$임을 이용합니다.

2-1 $$\begin{array}{r} 0.6 \\ \times\ 0.8 \\ \hline 0.48 \end{array}$$

2-2 $$\begin{array}{r} 0.14 \\ \times\ \ 0.8 \\ \hline 0.112 \end{array}$$

2-3 $$\begin{array}{r} 0.5 \\ \times\ 0.7 \\ \hline 0.35 \end{array}$$

2-4 $$\begin{array}{r} 0.05 \\ \times\ \ 0.9 \\ \hline 0.045 \end{array}$$

2-5 $$\begin{array}{r} 0.48 \\ \times\ 0.92 \\ \hline 96 \\ 432\ \\ \hline 0.4416 \end{array}$$

2-6 $$\begin{array}{r} 0.3 \\ \times\ 0.51 \\ \hline 0.153 \end{array}$$

3-1 0.7 kg의 0.6배 ⇨ $0.7\times0.6=0.42$ (kg)

3-2 0.85 kg의 0.5배 ⇨ $0.85\times0.5=0.425$ (kg)

3-3 0.9 kg의 0.76배 ⇨ $0.9\times0.76=0.684$ (kg)

3-4 0.64 kg의 0.8배 ⇨ $0.64\times0.8=0.512$ (kg)

4-1 $$\begin{array}{r} 0.9 \\ \times\ 0.54 \\ \hline 0.486 \end{array}$$

4-2 $$\begin{array}{r} 0.32 \\ \times\ 0.48 \\ \hline 256 \\ 128\ \\ \hline 0.1536 \end{array}$$

4-3 (직사각형의 넓이)=(가로)×(세로)
$=0.8\times0.4=0.32\ (m^2)$

4-4 (평행사변형의 넓이)=(밑변의 길이)×(높이)
$=0.7\times0.63=0.441\ (m^2)$

122~123쪽 누구나 100점 맞는 TEST

❶ 2.8	❷ 2.16	❸ 14.5
❹ 6.32	❺ 21.6	❻ 1.65
❼ 71.4	❽ 49.35	❾ 0.48
❿ 0.364	⓫ 13.8	⓬ 1.85
⓭ 33.6	⓮ 12.92	⓯ 3.2
⓰ 10.88	⓱ 41.8	⓲ 18.76
⓳ 0.2187	⓴ 0.378	

❼ $$\begin{array}{r} 17 \\ \times\ 4.2 \\ \hline 34 \\ 68\ \\ \hline 71.4 \end{array}$$

❽ $$\begin{array}{r} 21 \\ \times\ 2.35 \\ \hline 105 \\ 63\ \\ 42\ \ \\ \hline 49.35 \end{array}$$

⓫ $$\begin{array}{r} 0.6 \\ \times\ 23 \\ \hline 13.8 \end{array}$$

⓬ $$\begin{array}{r} 0.37 \\ \times\ \ \ 5 \\ \hline 1.85 \end{array}$$

⓭ $$\begin{array}{r} 2.1 \\ \times\ 16 \\ \hline 126 \\ 21\ \\ \hline 33.6 \end{array}$$

⓰ $$\begin{array}{r} 32 \\ \times\ 0.34 \\ \hline 128 \\ 96\ \\ \hline 10.88 \end{array}$$

⑰
$$\begin{array}{r} 22 \\ \times\ 1.9 \\ \hline 198 \\ 22 \\ \hline 41.8 \end{array}$$

⑱
$$\begin{array}{r} 7 \\ \times\ 2.68 \\ \hline 18.76 \end{array}$$

⑲
$$\begin{array}{r} 0.81 \\ \times\ 0.27 \\ \hline 567 \\ 162 \\ \hline 0.2187 \end{array}$$

⑳
$$\begin{array}{r} 0.6 \\ \times\ 0.63 \\ \hline 0.378 \end{array}$$

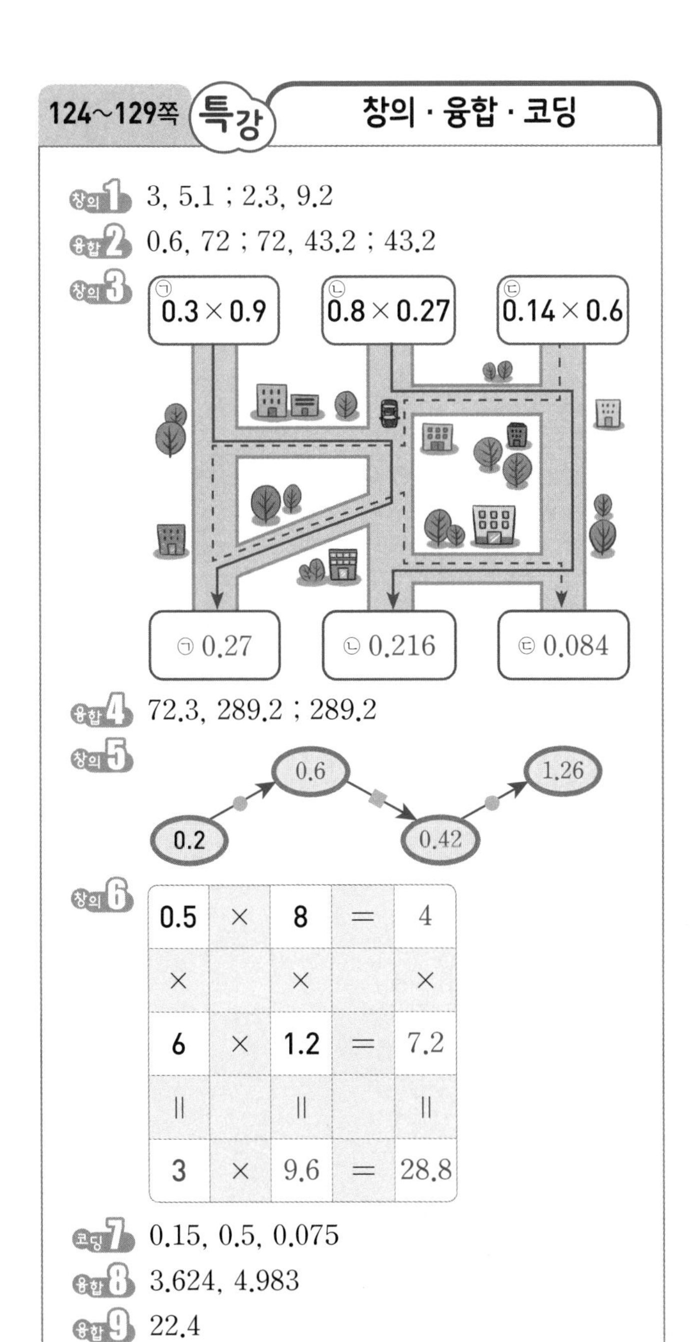

124~129쪽 특강 창의 · 융합 · 코딩

창의 1 3, 5.1 ; 2.3, 9.2

융합 2 0.6, 72 ; 72, 43.2 ; 43.2

창의 3

융합 4 72.3, 289.2 ; 289.2

창의 5

창의 6

0.5	×	8	=	4
×		×		×
6	×	1.2	=	7.2
‖		‖		‖
3	×	9.6	=	28.8

코딩 7 0.15, 0.5, 0.075

융합 8 3.624, 4.983

융합 9 22.4

창의 1
$$\begin{array}{r} 1.7 \\ \times\ \ 3 \\ \hline 5.1 \end{array}, \quad \begin{array}{r} 2.3 \\ \times\ \ 4 \\ \hline 9.2 \end{array}$$

융합 2 (첫 번째로 튀어 오른 높이)
$=120\times0.6=72$ (cm)
⇨ (두 번째로 튀어 오른 높이)
$=72\times0.6=43.2$ (cm)

창의 3 ㉠
$$\begin{array}{r} 0.3 \\ \times\ 0.9 \\ \hline 0.27 \end{array}$$
㉡
$$\begin{array}{r} 0.8 \\ \times\ 0.27 \\ \hline 0.216 \end{array}$$
㉢
$$\begin{array}{r} 0.14 \\ \times\ \ \ 0.6 \\ \hline 0.084 \end{array}$$

융합 4 (자동차가 4시간 동안 달린 거리)
$=72.3\times4$
$=289.2$ (km)

창의 5 $0.2\times3=0.6$, $0.6\times0.7=0.42$,
$0.42\times3=1.26$

창의 6 가로: $0.5\times8=4$, $6\times1.2=7.2$
세로: $8\times1.2=9.6$, $4\times7.2=28.8$

코딩 7

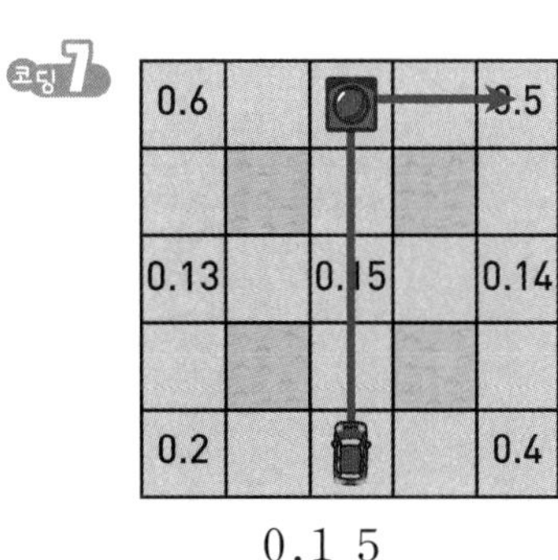

⇨
$$\begin{array}{r} 0.15 \\ \times\ \ \ 0.5 \\ \hline 0.075 \end{array}$$

융합 8 • 8파운드: $0.453\times8=3.624$ (kg)
• 11파운드: $0.453\times11=4.983$ (kg)

융합 9 (한라산 입구~진솔이네 집)
=(한라산 입구~유정이네 집)$\times2.8$
$=8\times2.8=22.4$ (km)

정답 풀이

4주 • 소수의 곱셈 (2)~평균

132~133쪽 4주에 배울 내용을 알아볼까요? ②

1-1 0.21　　**1-2** 0.48
1-3 0.042　　**1-4** 0.104
2-1 예 10　　**2-2** 5, 7

2-1 9 cm와 11 cm 사이로 답하면 정답입니다.

135쪽 똑똑한 계산 연습

❶ 15, 33, 495, 4.95　❷ 57, 65, 3705, 37.05

❸

		2.	6
×		1.	2
		5	2
	2	6	
	3.	1	2

❹

		3.	1
×		2.	4
	1	2	4
	6	2	
	7.	4	4

❺

		4.	2
×		1.	7
	2	9	4
	4	2	
	7.	1	4

❻

		7.	5
×		2.	3
	2	2	5
1	5	0	
1	7.	2	5

❼

		4.	3
×		6.	2
		8	6
2	5	8	
2	6.	6	6

❽

		5.	9
×		3.	7
	4	1	3
1	7	7	
2	1.	8	3

❾

		6.	4
×		2.	4
	2	5	6
1	2	8	
1	5.	3	6

❿

		8.	7
×		3.	6
	5	2	2
2	6	1	
3	1.	3	2

⓫

		9.	6
×		4.	8
	7	6	8
3	8	4	
4	6.	0	8

❶ 1.5를 $\frac{15}{10}$로, 3.3을 $\frac{33}{10}$으로 나타내어 계산합니다.

❷ 5.7을 $\frac{57}{10}$로, 6.5를 $\frac{65}{10}$로 나타내어 계산합니다.

137쪽 똑똑한 계산 연습

❶ 224, 37, 8288, 8.288
❷ 53, 219, 11607, 11.607

❸

		1.	1	4
×			2.	3
		3	4	2
	2	2	8	
	2.	6	2	2

❹

		2.	3	6
×			1.	7
	1	6	5	2
	2	3	6	
	4.	0	1	2

❺

		3.	2	7
×			2.	5
	1	6	3	5
	6	5	4	
	8.	1	7	5

❻

		7.	1	2
×			3.	8
	5	6	9	6
2	1	3	6	
2	7.	0	5	6

❼

		6.	2	3
×			4.	5
	3	1	1	5
2	4	9	2	
2	8.	0	3	5

❽

			5.	7
×		6.	0	3
		1	7	1
3	4	2		
3	4.	3	7	1

❾

			2.	9
×		1.	3	8
		2	3	2
		8	7	
	2	9		
	4.	0	0	2

❿

			3.	2
×		2.	1	4
		1	2	8
		3	2	
	6	4		
	6.	8	4	8

⓫

			4.	6
×		3.	5	8
		3	6	8
	2	3	0	
1	3	8		
1	6.	4	6	8

❶ 2.24는 $\frac{224}{100}$로, 3.7은 $\frac{37}{10}$로 나타내어 계산합니다.

❷ 5.3은 $\frac{53}{10}$으로, 2.19는 $\frac{219}{100}$로 나타내어 계산합니다.

138~139쪽 기초 집중 연습

1-1 5.89	**1-2** 12.88
1-3 3.888	**1-4** 8.636
2-1 13.94	**2-2** 51.66
2-3 14.04	**2-4** 23.594
3-1 1.2, 1.8	**3-2** 1.6, 1.3, 2.08
3-3 1.15, 2.76	**3-4** 2.5, 1.25, 3.125
4-1 1.1, 3.85	**4-2** 3.25, 24.05

1-1
```
    3.1
  × 1.9
  2 7 9
  3 1
  5.8 9
```

1-2
```
      5.6
  ×   2.3
    1 6 8
  1 1 2
  1 2.8 8
```

1-3
```
    2.1 6
  ×   1.8
  1 7 2 8
  2 1 6
  3.8 8 8
```

1-4
```
      6.8
  × 1.2 7
    4 7 6
  1 3 6
  6 8
  8.6 3 6
```

2-1
```
      3.4
  ×   4.1
      3 4
  1 3 6
  1 3.9 4
```

2-2
```
      6.3
  ×   8.2
    1 2 6
  5 0 4
  5 1.6 6
```

2-3
```
      3.1 2
  ×     4.5
    1 5 6 0
  1 2 4 8
  1 4.0 4 0̸
```

2-4
```
          4.7
  ×   5.0 2
          9 4
  2 3 5
  2 3.5 9 4
```

참고

소수점 아래 마지막 0은 생략하여 나타낼 수 있습니다.

3-1
```
    1.5
  × 1.2
    3 0
  1 5
  1.8 0̸
```

3-2
```
    1.6
  × 1.3
    4 8
  1 6
  2.0 8
```

3-3
```
      2.4
  × 1.1 5
    1 2 0
    2 4
  2 4
  2.7 6 0̸
```

3-4
```
      2.5
  × 1.2 5
    1 2 5
    5 0
  2 5
  3.1 2 5
```

141쪽 똑똑한 계산 연습

❶ 25.97, 259.7, 2597	❷ 73.4, 734, 7340
❸ 4.35, 43.5, 435	❹ 32.6, 326, 3260
❺ 36.8, 3.68, 0.368	❻ 0.7, 0.07, 0.007
❼ 8.3, 0.83, 0.083	❽ 6.5, 0.65, 0.065

❶~❹ 곱하는 수의 0이 하나씩 늘어날 때마다 곱의 소수점이 오른쪽으로 한 자리씩 옮겨집니다.

❺~❽ 곱하는 소수의 소수점 아래 자리 수가 하나씩 늘어날 때마다 곱의 소수점이 왼쪽으로 한 자리씩 옮겨집니다.

143쪽 똑똑한 계산 연습

❶ 0.21, 0.021	❷ 0.72, 0.072
❸ 0.64, 0.064	❹ 2.25, 0.225
❺ 8.16, 0.816	❻ 0.408, 0.0408
❼ 3.737, 0.3737	❽ 35.7, 0.357

❶ • $0.3 \times 0.7 = 0.21$
• $0.3 \times 0.07 = 0.021$

❷ • $1.2 \times 0.6 = 0.72$
• $0.12 \times 0.6 = 0.072$

❸ • $1.6 \times 0.4 = 0.64$
• $1.6 \times 0.04 = 0.064$

❹ • $0.9 \times 2.5 = 2.25$
• $0.09 \times 2.5 = 0.225$

❺ • $5.1 \times 1.6 = 8.16$
• $5.1 \times 0.16 = 0.816$

❻ • $2.4 \times 0.17 = 0.408$
• $0.24 \times 0.17 = 0.0408$

❼ • $1.01 \times 3.7 = 3.737$
• $1.01 \times 0.37 = 0.3737$

❽ • $23.8 \times 1.5 = 35.7\not{0}$
• $2.38 \times 0.15 = 0.357\not{0}$

144~145쪽 기초 집중 연습

1-1 26.3, 263, 2630	**1-2** 5.7, 57, 570
1-3 15, 1.5, 0.15	**1-4** 9.1, 0.91, 0.091
2-1	**2-2**
3-1 9.6, 96, 960	**3-2** 10.5, 105, 1050
4-1 170, 100	**4-2** 0.45, 0.001
4-3 0.1, 29	**4-4** 0.01, 3.1

정답
풀이

[1-1~1-2] 곱하는 수의 0이 하나씩 늘어날 때마다 곱의 소수점이 오른쪽으로 한 자리씩 옮겨집니다.

[1-3~1-4] 곱하는 소수의 소수점 아래 자리 수가 하나씩 늘어날 때마다 곱의 소수점이 왼쪽으로 한 자리씩 옮겨집니다.

2-1 • $0.3 \times 1.8 = 0.54$
• $0.3 \times 0.18 = 0.054$
• $0.03 \times 0.18 = 0.0054$

2-2 • $1.2 \times 2.3 = 2.76$
• $0.12 \times 2.3 = 0.276$
• $0.12 \times 0.23 = 0.0276$

3-1 (10개의 무게)$=0.96 \times 10 = 9.6$ (kg)
(100개의 무게)$=0.96 \times 100 = 96$ (kg)
(1000개의 무게)$=0.96 \times 1000 = 960$ (kg)

3-2 (10개의 무게)$=1.05 \times 10 = 10.5$ (kg)
(100개의 무게)$=1.05 \times 100 = 105$ (kg)
(1000개의 무게)$=1.05 \times 1000 = 1050$ (kg)

4-1 $1.7 \times ■ = 170$
⇨ 1.7에서 소수점을 오른쪽으로 두 자리 옮겨야 170이 되므로 ■$=100$입니다.

4-2 $450 \times ■ = 0.45$
⇨ 450에서 소수점을 왼쪽으로 세 자리 옮겨야 0.45가 되므로 ■$=0.001$입니다.

4-3 ■$\times 0.1 = 2.9$
⇨ 소수점이 왼쪽으로 한 자리 옮겨져서 2.9가 되었으므로 ■$=29$입니다.

4-4 ■$\times 0.01 = 0.031$
⇨ 소수점이 왼쪽으로 두 자리 옮겨져서 0.031이 되었으므로 ■$=3.1$입니다.

147쪽 똑똑한 계산 연습

❶ 3, 10	❷ 5, 4, 9	❸ 16
❹ 13	❺ 8	❻ 11
❼ 24	❽ 14	❾ 15
❿ 21		

참고
(평균)=(자료의 값을 모두 더한 수)÷(자료의 수)

❸ (평균)$=(16+12+20) \div 3 = 48 \div 3 = 16$

❹ (평균)$=(22+8+17+5) \div 4 = 52 \div 4 = 13$

❺ (평균)$=(6+9+5+12) \div 4 = 32 \div 4 = 8$

❻ (평균)$=(7+12+16+9) \div 4 = 44 \div 4 = 11$

❼ (평균)$=(23+21+25+27) \div 4 = 96 \div 4 = 24$

❽ (평균)$=(13+7+18+20+12) \div 5$
$=70 \div 5 = 14$

❾ (평균)$=(11+15+19+16+14) \div 5$
$=75 \div 5 = 15$

❿ (평균)$=(26+20+16+22+21) \div 5$
$=105 \div 5 = 21$

149쪽 똑똑한 계산 연습

❶ 3, 15	❷ 23, 4, 22	❸ 19
❹ 23	❺ 43	❻ 54
❼ 42	❽ 50	

❸ (평균)$=(19+17+21) \div 3$
$=57 \div 3 = 19$(초)

❹ (평균)$=(24+26+23+19) \div 4$
$=92 \div 4 = 23$(개)

❺ (평균)$=(46+42+43+41) \div 4$
$=172 \div 4 = 43$ (kg)

❻ (평균)$=(50+64+56+46) \div 4$
$=216 \div 4 = 54$(번)

❼ (평균)$=(38+56+40+44+32) \div 5$
$=210 \div 5 = 42$(상자)

❽ (평균)$=(58+64+55+43+30) \div 5$
$=250 \div 5 = 50$(명)

150~151쪽 기초 집중 연습

1-1 48, 16	1-2 68, 17
1-3 69, 23	1-4 60, 15
1-5 66, 22	
2-1 3	2-2 4
2-3 5	2-4 3
3-1 2, 50	3-2 82, 86

1-1 (합)$=24+10+14=48$ ⇨ (평균)$=48\div3=16$

1-2 (합)$=8+17+21+22=68$ ⇨ (평균)$=68\div4=17$

1-3 (합)$=25+30+14=69$ ⇨ (평균)$=69\div3=23$

1-4 (합)$=19+11+13+17=60$ ⇨ (평균)$=60\div4=15$

1-5 (합)$=16+32+18=66$ ⇨ (평균)$=66\div3=22$

2-1 (세 사람이 걸은 고리 수의 평균)
$=(2+4+3)\div3=9\div3=3$(개)

2-2 (네 사람이 걸은 고리 수의 평균)
$=(2+6+5+3)\div4=16\div4=4$(개)

2-3 (세 사람이 걸은 고리 수의 평균)
$=(4+6+5)\div3=15\div3=5$(개)

2-4 (네 사람이 걸은 고리 수의 평균)
$=(4+5+1+2)\div4=12\div4=3$(개)

153쪽 똑똑한 계산 연습

❶ 3	❷ 2	❸ 2
❹ 3	❺ 4	

❶ (요일별 최고 기온의 평균)
$=(14+15+17+12+10+12+11)\div7$
$=91\div7=13$ (℃)
⇨ 평균보다 기온이 높은 요일:
월요일, 화요일, 수요일(3일)

❷ (합창단의 나이의 평균)
$=(15+11+13+12+14)\div5$
$=65\div5=13$(살)
⇨ 평균보다 나이가 많은 단원: 서우, 승혜(2명)

❸ (준우가 마신 우유의 양의 평균)
$=(200+250+300+400+150)\div5$
$=1300\div5=260$ (mL)
⇨ 평균보다 우유를 많이 마신 요일:
수요일, 목요일(2일)

❹ (반별 학생 수의 평균)
$=(21+25+22+20+26+24)\div6$
$=138\div6=23$(명)
⇨ 평균보다 학생이 많은 반: 2반, 5반, 6반(3개 반)

❺ (수학 단원평가 점수의 평균)
$=(78+81+95+90+88+90)\div6$
$=522\div6=87$(점)
⇨ 평균보다 점수가 높은 단원:
3단원, 4단원, 5단원, 6단원(4개 단원)

155쪽 똑똑한 계산 연습

❶ >	❷ <	❸ >	❹ <

❶ (5학년 학생 수의 평균)$=(29+31+27)\div3$
$=87\div3=29$(명)
(6학년 학생 수의 평균)$=(30+26+28)\div3$
$=84\div3=28$(명)
⇨ 29명>28명

❷ (재민이의 컴퓨터 사용 시간의 평균)
$=(50+40+30)\div3=120\div3=40$(분)
(유미의 컴퓨터 사용 시간의 평균)
$=(45+60+30)\div3=135\div3=45$(분)
⇨ 40분<45분

❸ (연수의 오래 매달리기 기록의 평균)
$=(14+16+20+18)\div4=68\div4=17$(초)
(성우의 오래 매달리기 기록의 평균)
$=(17+15+13)\div3=45\div3=15$(초)
⇨ 17초>15초

❹ (태준이네 모둠의 몸무게의 평균)
$=(46+42+38)\div3=126\div3=42$ (kg)
(나래네 모둠의 몸무게의 평균)
$=(43+40+45+44)\div4=172\div4=43$ (kg)
⇨ 42 kg<43 kg

156~157쪽 기초 집중 연습

1-1 3	**1-2** 2
2-1 $<$	**2-2** $>$
2-3 $<$	**2-4** $>$
3-1 가	**3-2** 라
4-1 60, 55 ; 준영	**4-2** 700, 800 ; 연수

1-1 (요일별 스마트폰 사용 시간의 평균)
$=(45+50+40+60+35)\div 5$
$=230\div 5=46$(분)
⇨ 평균보다 사용 시간이 적은 요일:
월요일, 수요일, 금요일(3일)

1-2 (요일별 미술관 입장객 수의 평균)
$=(105+143+135+132+150)\div 5$
$=665\div 5=133$(명)
⇨ 평균보다 입장객 수가 적은 요일:
월요일, 목요일(2일)

2-1 $(14+12+16)\div 3=14$
$<$ $(15+13+17)\div 3=15$

2-2 $(16+24+23+25)\div 4=22$
$>$ $(20+22+21)\div 3=21$

2-3 $(8+13+12)\div 3=11$
$<$ $(12+15+11+10)\div 4=12$

2-4 $(29+25+20+22)\div 4=24$
$>$ $(27+28+19+18+23)\div 5=23$

3-1 (가 자동차가 한 시간당 달린 거리의 평균)
$=213\div 3=71$ (km)
(나 자동차가 한 시간당 달린 거리의 평균)
$=272\div 4=68$ (km)
⇨ 71 km$>$68 km

3-2 (다 자동차가 한 시간당 달린 거리의 평균)
$=288\div 4=72$ (km)
(라 자동차가 한 시간당 달린 거리의 평균)
$=375\div 5=75$ (km)
⇨ 72 km$<$75 km

4-1 (준영이가 하루에 읽은 쪽수의 평균)
$=300\div 5=60$(쪽)
(혜주가 하루에 읽은 쪽수의 평균)
$=220\div 4=55$(쪽)
⇨ 60쪽$>$55쪽

4-2 (성민이가 하루에 마신 물의 양의 평균)
$=2800\div 4=700$ (mL)
(연수가 하루에 마신 물의 양의 평균)
$=2400\div 3=800$ (mL)
⇨ 700 mL$<$800 mL

159쪽 똑똑한 계산 연습

❶ 6	❷ 6	❸ 14
❹ 9	❺ 16	❻ 20
❼ 30		

❶ (자료의 값을 모두 더한 수)$=9\times 3=27$
⇨ ■$=27-(14+7)=6$

❷ (자료의 값을 모두 더한 수)$=11\times 4=44$
⇨ ■$=44-(10+15+13)=6$

❸ (자료의 값을 모두 더한 수)$=12\times 3=36$
⇨ ■$=36-(13+9)=14$

❹ (자료의 값을 모두 더한 수)$=15\times 3=45$
⇨ ■$=45-(22+14)=9$

❺ (자료의 값을 모두 더한 수)$=21\times 4=84$
⇨ ■$=84-(22+30+16)=16$

❻ (자료의 값을 모두 더한 수)$=26\times 4=104$
⇨ ■$=104-(32+24+28)=20$

❼ (자료의 값을 모두 더한 수)$=32\times 5=160$
⇨ ■$=160-(27+40+35+28)=30$

161쪽 똑똑한 계산 연습

❶ 21	❷ 13	❸ 25
❹ 27	❺ 94	❻ 153
❼ 41	❽ 37	

❶ (전체 기록의 합)$=22\times3=66$ (m)
⇨ (3회의 기록)$=66-(20+25)=21$ (m)

❷ (전체 공책 수의 합)$=15\times3=45$(권)
⇨ (세현이의 공책 수)$=45-(13+19)=13$(권)

❸ (전체 연습 시간)$=30\times3=90$(분)
⇨ (월요일의 연습 시간)$=90-(40+25)=25$(분)

❹ (전체 학생 수의 합)$=25\times4=100$(명)
⇨ (3반 학생 수)$=100-(26+23+24)=27$(명)

❺ (전체 수학 점수의 합)$=92\times4=368$(점)
⇨ (1단원 수학 점수)$=368-(90+96+88)$
$=94$(점)

❻ (전체 키의 합)$=150\times3=450$ (cm)
⇨ (준하의 키)$=450-(145+152)=153$ (cm)

❼ (전체 기록의 합)$=50\times4=200$(번)
⇨ (영미의 기록)$=200-(62+55+42)=41$(번)

❽ (전체 학생 수)$=35\times4=140$(명)
⇨ (A형 학생 수)$=140-(39+50+14)=37$(명)

162~163쪽 기초 집중 연습

1-1 40	1-2 33	1-3 33	1-4 53
2-1 70	2-2 43	2-3 19	
3-1 21	3-2 23	3-3 16	3-4 27
4-1 3, 24, 24, 10 ; 10		4-2 12, 48, 48, 9 ; 9	

1-1 (자료의 값을 모두 더한 수)$=40\times3=120$
⇨ ■$=120-(28+52)=40$

1-2 (자료의 값을 모두 더한 수)$=34\times4=136$
⇨ ■$=136-(32+40+31)=33$

1-3 (자료의 값을 모두 더한 수)$=32\times4=128$
⇨ ■$=128-(29+36+30)=33$

1-4 (자료의 값을 모두 더한 수)$=50\times4=200$
⇨ ■$=200-(56+42+49)=53$

2-1 (전체 기록의 합)$=75\times4=300$(회)
⇨ (준기의 기록)$=300-(80+72+78)=70$(회)

2-2 (전체 기록의 합)$=43\times4=172$(회)
⇨ (승수의 기록)$=172-(40+36+53)=43$(회)

2-3 (전체 기록의 합)$=27\times4=108$ (m)
⇨ (연아의 기록)$=108-(25+34+30)=19$ (m)

3-1 전체 기록의 합이 $20\times3=60$(번)과 같거나 커야 합니다.
⇨ $16+23+\square=60$일 때, $\square=21$이므로 마지막에 적어도 21번 넘어야 합니다.

3-2 전체 기록의 합이 $20\times3=60$(번)과 같거나 커야 합니다.
⇨ $17+20+\square=60$일 때, $\square=23$이므로 마지막에 적어도 23번 넘어야 합니다.

3-3 전체 기록의 합이 $20\times3=60$(번)과 같거나 커야 합니다.
⇨ $23+21+\square=60$일 때, $\square=16$이므로 마지막에 적어도 16번 넘어야 합니다.

3-4 전체 기록의 합이 $20\times3=60$(번)과 같거나 커야 합니다.
⇨ $15+18+\square=60$일 때, $\square=27$이므로 마지막에 적어도 27번 넘어야 합니다.

164~165쪽 누구나 100점 맞는 TEST

❶ 3.74	❷ 15.64	❸ 11.97	
❹ 48.97	❺ 2.938	❻ 11.095	
❼ 9.796		❽ 21.097	
❾ 34.68, 346.8, 3468		❿ 27.9, 2.79, 0.279	
⓫ 13.25, 1.325		⓬ 3.672, 0.3672	
⓭ 17	⓮ 28	⓯ 32	⓰ 34
⓱ >	⓲ =	⓳ 7	⓴ 27

❶
$$\begin{array}{r} 2.2 \\ \times\ 1.7 \\ \hline 1\,5\,4 \\ 2\,2\ \ \\ \hline 3.7\,4 \end{array}$$

❷
$$\begin{array}{r} 4.6 \\ \times\ 3.4 \\ \hline 1\,8\,4 \\ 1\,3\,8\ \ \\ \hline 1\,5.6\,4 \end{array}$$

❸
$$\begin{array}{r} 5.7 \\ \times\ 2.1 \\ \hline 5\,7 \\ 1\,1\,4\ \ \\ \hline 1\,1.9\,7 \end{array}$$

❹
$$\begin{array}{r} 8.3 \\ \times\ 5.9 \\ \hline 7\,4\,7 \\ 4\,1\,5\ \ \\ \hline 4\,8.9\,7 \end{array}$$

정답 풀이

❺
$$\begin{array}{r} 1.1\,3 \\ \times\quad 2.6 \\ \hline 6\,7\,8 \\ 2\,2\,6 \\ \hline 2.9\,3\,8 \end{array}$$

❻
$$\begin{array}{r} 3.1\,7 \\ \times\quad 3.5 \\ \hline 1\,5\,8\,5 \\ 9\,5\,1 \\ \hline 1\,1.0\,9\,5 \end{array}$$

❼
$$\begin{array}{r} 6.2 \\ \times\ 1.5\,8 \\ \hline 4\,9\,6 \\ 3\,1\,0 \\ 6\,2 \\ \hline 9.7\,9\,6 \end{array}$$

❽
$$\begin{array}{r} 7.3 \\ \times\quad 2.8\,9 \\ \hline 6\,5\,7 \\ 5\,8\,4 \\ 1\,4\,6 \\ \hline 2\,1.0\,9\,7 \end{array}$$

⓫ • 5.3×2.5=13.25
• 5.3×0.25=1.325

⓬ • 1.02×3.6=3.672
• 1.02×0.36=0.3672

⓭ (평균)=(20+15+16)÷3=51÷3=17

⓮ (평균)=(32+28+24)÷3=84÷3=28

⓯ (평균)=(35+30+40+23)÷4=128÷4=32

⓰ (평균)=(27+30+45+34)÷4=136÷4=34

⓱ (31+36+32)÷3=33
ⓧ (34+27+35+32)÷4=32 (>)

⓲ (20+10+23+15)÷4=17
(=) (21+19+11)÷3=17

⓳ (자료의 값을 모두 더한 수)=11×3=33
⇨ ■=33−(14+12)=7

⓴ (자료의 값을 모두 더한 수)=23×4=92
⇨ ■=92−(12+20+33)=27

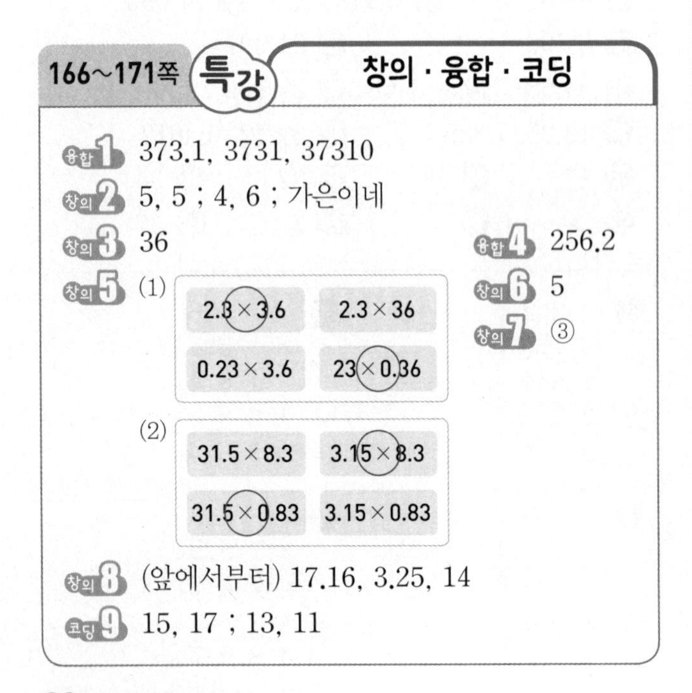

166~171쪽 특강 창의 · 융합 · 코딩

융합 1 373.1, 3731, 37310
창의 2 5, 5 ; 4, 6 ; 가은이네
창의 3 36
융합 4 256.2
창의 5 (1)

(2)

창의 6 5
창의 7 ③
창의 8 (앞에서부터) 17.16, 3.25, 14
코딩 9 15, 17 ; 13, 11

창의 3 ㉠=(26+38+31+49)÷4=144÷4=36

융합 4 8.4×30.5=256.20(킬로칼로리)

창의 5 (1) 23×36=828이고 두 수의 곱이 8.28이려면 곱하는 두 수의 소수점 아래 자리 수를 더한 것이 소수 두 자리 수인 곱셈식을 모두 찾습니다.
(2) 315×83=26145이고 두 수의 곱이 26.145이려면 곱하는 두 수의 소수점 아래 자리 수를 더한 것이 소수 세 자리 수인 곱셈식을 모두 찾습니다.

창의 6 (점수의 합)=8×2+5×1+3×3
=16+5+9=30(점)
⇨ (화살을 한 번 맞혔을 때 점수의 평균)
=30÷6=5(점)

창의 7

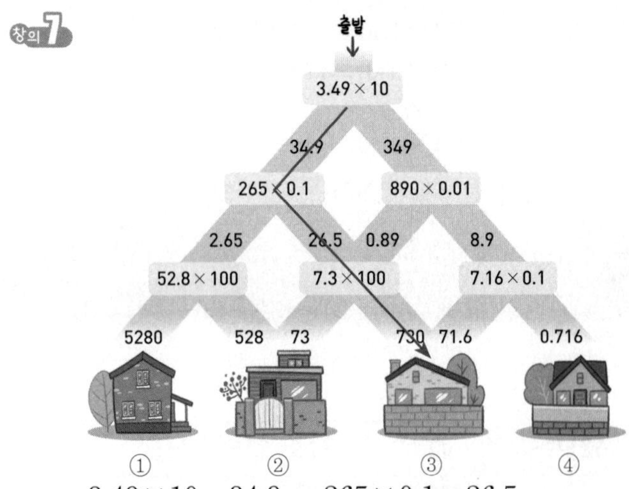

① ② ③ ④

3.49×10=34.9 → 265×0.1=26.5
→ 7.3×100=730

⇨ 삼촌 댁은 ③번입니다.

창의 8

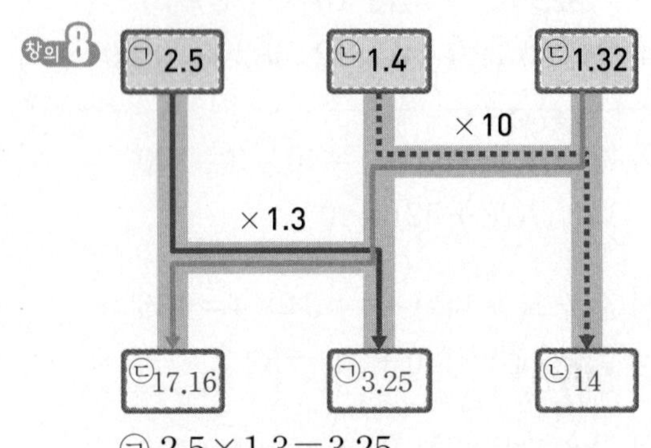

㉠ 2.5×1.3=3.25
㉡ 1.4×10=14
㉢ 1.32×10=13.2 ⇨ 13.2×1.3=17.16

코딩 9 (네 수의 평균)=(13+11+15+17)÷4
=56÷4=14
⇨ 평균보다 큰 수: 15, 17
평균보다 작은 수: 13, 11